Modellierung der Mechanismen während der Induktionsphase beim Kristallisationsfouling

Von der Fakultät für Maschinenbau
der Technischen Universität Carolo-Wilhelmina zu Braunschweig

zur Erlangung der Würde

eines Doktor-Ingenieurs (Dr.-Ing.)

genehmigte Dissertation

von: Dipl.-Ing. Moriz Mayer
aus: Coburg

eingereicht am: 22.02.2013
mündliche Prüfung am: 24.05.2013

Referenten: Herr Prof. Dr.-Ing. S. Scholl
Frau Prof. Dr.-Ing. U. Krewer
Vorsitzender: Herr Prof. Dr. rer. nat. G. Garnweitner

2013

Vorwort

Die vorliegende Arbeit entstand während meiner Tätigkeit am Institut für Chemische und Thermische Verfahrenstechnik der Technischen Universität Carolo-Wilhelmina zu Braunschweig. Nach Beendigung dieser interessanten Zeit freue ich mich den Persönlichkeiten zu danken, die mich während meiner akademischen Laufbahn begleitet haben.

Mein besonderer Dank gilt meinem Doktorvater, Herrn Prof. Dr.-Ing. Stephan Scholl, der mir die Bearbeitung des Themas anvertraute. Seine umfangreiche Unterstützung und Förderung sowie die Gewährung großer Gestaltungsspielräume waren wertvoll und entscheidend für das Gelingen dieser Arbeit.

Ich danke vielmals Frau Prof. Dr.-Ing. Ulrike Krewer für die Übernahme des Koreferats und Herrn Prof. Dr. Georg Garnweitner für die Übernahme des Prüfungsvorsitzes.

Ich danke dem Akademischen Direktor des Instituts, Herrn Dr.-Ing. Wolfgang Augustin, für seinen fachkundigen Rat und die zahlreichen fruchtbaren Gespräche. Frau Marion Harms danke ich herzlich für die reibungslose Abwicklung der administrativen Angelegenheiten. Der Institutswerkstatt unter der Leitung von Herrn Karl Karrenführer danke ich für die technische Unterstützung. Desweiteren gilt mein Dank den Kollegen im Institut, insbesondere Frau Simone Schulze für die Durchführung der Messungen im Rasterelektronenmikroskop, die zum Gelingen der Arbeit beigetragen haben. Einen herzlichen Dank auch an alle Korrekturleser.

Ferner bedanke ich mich bei der Deutschen Forschungsgemeinschaft DFG für die finanzielle Unterstützung.

Braunschweig, September 2013 Moriz Mayer

Inhaltsverzeichnis

Kurzfassung

In dieser Arbeit wurde das Kristallisationsfouling von Calciumsulfat und Calciumcarbonat auf wärmeübertragenden Oberflächen untersucht. Das Ziel dabei war es, die frühe Phase im Foulingprozess, die Induktionsphase, zu modellieren. In der Induktionsphase ist der Wärmedurchgang durch das Fouling noch nicht reduziert. Eine Modellierung, welche die Berechenbarkeit der Induktionszeit, die das Ende der Induktionsphase markiert, ermöglicht ist daher von technischem und ökonomischem Interesse. In zahlreichen Arbeiten wurden dazu Einflussparameter auf die Induktionszeit identifiziert, wobei eine detaillierte Modellierung bisher nicht gelang. Hauptsächliche Einflussparameter sind der Übersättigungsgrad der salzbildenden Ionen, die Strömungsgeschwindigkeit sowie die topographischen und energetischen Oberflächeneigenschaften.

Das Kristallisationsfouling wurde zum einen wärmetechnisch im Strömungskanal untersucht, wobei der Foulingfortschritt als thermischer Foulingwiderstand quantifiziert wurde, und zum anderen wurde das flächenbezogene Kristallwachstum bestimmt. Die Versuche wurden gezielt unter Variation der Einflussparameter durchgeführt. Die induktionszeitverlängernden Einflüsse einer verminderten Übersättigung sowie einer erhöhten Strömungsgeschwindigkeit konnten bestätigt werden. Es wurden zudem die Einflüsse von Oberflächenmodifikationen sowohl auf die Induktionszeit als auch auf die Haftung von Einzelkristallen untersucht. Dabei konnten die induktionszeitverlängernden Einflüsse von amorphen Kohlenstoffbeschichtungen sowie elektropolierter und emaillierter Oberflächen mit antiadhäsiven Eigenschaften erklärt werden. Die Haftung von mikroskopischen Einzelkristallen, die in der Induktionsphase vorliegen, konnte mit Hilfe eines neuartigen mechanischen Messverfahrens im Rasterelektronenmikroskop bestimmt werden. Das Kristallwachstum wurde sowohl mikroskopisch als auch makroskopisch bestimmt. Die Abtragung konnte über eine Abtragwahrscheinlichkeit in der Massenbilanzierung beim Kristallisationsfouling integriert werden.

Es wurde eine mechanistische Modellierung zur Berechnung der Induktionszeit entwickelt. Mit Hilfe der experimentellen Ergebnisse konnten die relevanten Einzelprozesse der Keimbildung, des Wachstums, der Haftung und der Abtragung beim Kristallisationsfouling in geeigneten Submodellen formuliert werden. Der zentrale Modellmechanismus wurde über ein zeitabhängiges Verhältnis von Biot-Zahlen sowie einem Schwellenwert, der von diesem zur Induktionszeit erreicht wird, entwickelt. Die Entwicklung dieses Kernmodells wurde dabei maßgeblich von den Submodellen beeinflusst. Um den Einfluss etwaiger Modellungenauigkeiten zu reduzieren, wurde bei Erreichen des Schwellenwertes die Induktionszeit auf den Nulldurchgang des sich synchron entwickelnden thermischen Foulingwiderstandes interpoliert. Der Modellmechanismus wurde mit Hilfe einer Simulation, in der sequentielle Monte-Carlo-Methoden zu Einsatz kamen, überprüft. Es wurden dazu eine Parameterstudie sowie eine Fehleranalyse durchgeführt. Die Simulation gab bei Variation der Einflussparameter den experimentellen Trend für die Induktionszeit wieder. Die identifizierten Eingangs- und Verfahrensfehler lagen im erwarteten Bereich und bekräftigten den entwickelten Modellmechanismus. Dabei zeigte sich, dass das Modell den fluiden Wärmeübergang überschätzte. Prinzipiell konnten unter Verwendung eines größtmöglichen Satzes an physikalisch richtigen Inputparametern Induktionszeiten in guter Übereinstimmung mit experimentellen Zeiten simuliert werden. Die mechanistische Modellierung stellt eine Regel zur abschätzenden Berechnung von Induktionszeiten bereit, wobei diese für detaillierte Induktionszeitsimulationen weiterhin fortgeführt werden muss.

Abstract

In this work crystallization fouling of calcium sulfate and calcium carbonate on heat transfer surfaces was analyzed with the intention to model the early phase of the fouling process know as the induction phase. During the induction phase heat transfer is not reduced due to the fouling. Thus, a modeling to enable computability of the induction time which marks the end of the induction phase is of economic interest. Numerous papers identified parameters of the induction time in which to date a detailed modeling did not succeed. Major parameters are the supersaturation level of the saline solution, the flow velocity as well as the topographic and energetic surface properties.

The crystallization fouling was detected from thermal measurements in a flow channel and the fouling progress was expressed as a thermal fouling resistance. Furthermore, the surface density of the crystal growth was determined. The experiments were targeted conducted under variation of the identified parameters. The effects of a reduced supersaturation and an increased flow velocity on an extension of the induction phase were confirmed. Moreover, the effects of surface modifications were investigated on both the induction time and the adhesion of single crystals. And yet extensions of the induction phase due to amorphous carbon coatings (also known as diamond-like carbon coatings) as well as electro polished and enameled surfaces could be explained through anti-adhesive properties. The adhesion of microscopic single crystals which exist in the induction phase was detected through a novel mechanical measurement method inside a scanning electron microscope. In addition, the crystal growth was measured microscopic as well as macroscopic. The process of removal in the mass balance at crystallization fouling was regarded through a removal probability.

Around a computability of induction times a mechanistic model was developed. Through the experimental results all relevant single processes such as the appearance of crystals, crystal growth, adhesion and removal at crystallization fouling could be formulated in appropriate sub-models. The core-model was developed through a time-dependent ratio of Biot numbers and an according threshold which was reached at the induction time. In the process the core-model is governed by the sub-models. In order to reduce effects of possible model imprecision at attainment of the threshold the induction time was calculated to the zero-crossing of the synchronous developing thermal fouling resistance. The mechanistic model was checked through a simulation by using sequential Monte-Carlo methods. For this purpose a parameter study and an error analysis were carried out. However, the simulation reproduced the experimental trends for the induction time under variation of the identified parameters above. The identified input errors and procedure errors were of the expected range and confirmed the model mechanism. It turned out that in the process the model of the fluidic heat transfer was overestimated. In principle, induction times in good accordance with experimental data could be simulated with a maximum possible set of physical correct input parameters. The mechanistic model provides a rule for approximate computations of induction times whilst the former needs to be continued for more detailed induction time simulations.

Symbol- und Abkürzungsverzeichnis

Lateinische Buchstaben

Symbol	SI-Einheit	Bedeutung
A	[m^2]	Fläche
A	[-]	Koeffizient
A_H	[J]	Hamaker-Konstante
a	[-]	Aktivität
B	[m^{-2} s^{-1}]	Keimbildungsrate
B	[-]	Koeffizient
b	[m]	Breite
C	[mol m^{-3}], [kg m^{-3}]	Konzentration
c_p	[kJ kg^{-1} K^{-1}]	spezifische Wärmekapazität
D	[m^2 s^{-1}]	Diffusionskoeffizient
D_0	[m]	minimale Distanz
d	[m]	Welligkeit
d_h	[m]	hydraulischer Durchmesser
E	[J]	Energie
E_A	[J mol^{-1}]	Aktivierungsenergie
F	[N]	Kraft
f	[-]	Aktivitätskoeffizient
G	[J]	freie Enthalpie
G	[m]	Kristalllänge
g	[-]	Exponent
H	[N m^{-2}]	Haftfestigkeit
h	[m]	Höhe
I	[-]	Ionenstärke
K_{sp}	[-]	Löslichkeitsprodukt
K	[var.]	Konstanten
k	[var.]	Konstanten
k_B	[J K^{-1}]	Boltzmann-Konstante ($k_B = 1{,}380 \cdot 10^{-23}$ J K^{-1})
k_R	[var.]	Reaktionsgeschwindigkeitskonstante
k_s	[m]	Sandrauhigkeit
L	[m]	Länge
M	[kg]	Masse
$\dot{M}$	[kg s^{-1}]	Massenstrom
m	[kg m^{-2}]	spezifische Masse
$\dot{m}$	[kg m^{-2} s^{-1}]	spezifischer Massenstrom
N	[-]	Anzahl an Einzelkristallen
n	[-]	Exponent
p	[Pa]	Druck
$\dot{Q}$	[W]	Wärmestrom
q_2	[m^5]	flächenbezogene Verteilungsdichte
R	[m]	Radius

$\mathfrak{R}$	[J mol^{-1} K^{-1}]	ideale Gaskonstante ($\mathfrak{R}$ = 8,314 J mol^{-1} K^{-1})
R_f	[m^2 K W^{-1}]	Foulingwiderstand
r	[m]	Radius
r_i	[m]	Ionenradius
S_{dr}	[-]	mikroskopische Oberflächenvergrößerung
S_q	[m]	mittlere quadratische Rauheit
T	[K]	Temperatur
t	[s]	Zeit
t^+	[s]	Schwellenwertzeit
t_{ind}	[s]	Induktionszeit
$\dot{V}$	[m^3 s^{-1}]	Volumenstrom
w	[m s^{-1}]	Strömungsgeschwindigkeit
x	[m]	Höhe
x_{ch}	[m]	charakteristische Länge
y	[m]	Koordinate
z	[m]	Koordinate
z	[-]	Ionenzahl
z_i	[-]	Ladungszahl

Griechische Buchstaben

Symbol	SI-Einheit	Bedeutung
α	[W m^{-2} K^{-1}]	Wärmeübergangskoeffizient
β	[m s^{-1}]	Stoffübergangskoeffizient
Γ	[-]	Abtragwahrscheinlichkeit
γ	[J m^{-2}]	Grenzflächenenergie
Δ	[-]	Differenz
δ_{lam}	[m]	laminare Grenzschicht
ε	[-]	Aufmaß
η	[Pa s]	dynamische Viskosität
θ	[-]	Bedeckungsgrad
κ	[-]	Hohlraumanteil
Λ	[-]	Schwellenwert
λ	[W m^{-1} K^{-1}]	Wärmeleitfähigkeit
μ	[J mol^{-1}]	chemisches Potential
ν	[m s^{-2}]	kinematische Viskosität
ξ	[-]	Widerstandskoeffizient
ρ	[kg m^{-3}]	Dichte
σ	[-]	Wahrscheinlichkeitsdichte
τ	[Pa]	Schubspannung
Φ	[-]	Korrekturfaktor
χ	[-]	Weibullparameter
ψ	[-]	Pseudozufallszahl
ω	[-]	Kontaktwinkel

Dimensionslose Kennzahlen

Symbol	Bedeutung	Definition
Bi	Biot-Zahl	$Bi = \frac{\alpha x_{ch}}{\lambda}$
Da	Damköhler-Zahl	$Da = \frac{k_R d_h C^{n-1}}{D}$
Nu	Nusselt-Zahl	$Nu = \frac{\alpha d_h}{\lambda_l}$
Pr	Prandtl-Zahl	$Pr = \frac{\eta c_p}{\lambda_l}$
Re	Reynolds-Zahl	$Re = \frac{w d_h}{\nu}$
Sh	Sherwood-Zahl	$Sh = \frac{\beta d_h}{D}$
Ω	Fouling-Kennzahl	$\Omega = \frac{Bi_f}{Bi_0}$

Indizes

A	Fläche
ad	Adhäsion
b	Bulk
c	Kristall
coh	Kohäsion
d	Ablagerung
disp	dispers
eff	effektiv
eq	Equilibrium
f	Fouling
het	heterogen
hom	homogen
i	innen
i, j	Laufvariablen
ind	Induktion
ini	Initialisierung
krit	kritisch
l	Flüssigkeit

n	Teilchenzahl
r	Abtrag
p	Druck
pol	polar
s	feste Oberfläche
T	Temperatur
u	Umschlagpunkt
V	Volumen
w	Wärmeübertragerwand
τ	Scherkraft
0	sauber
1,2	Seiten, Festkörper
3	Umgebungsmedium

Abkürzungen

AFM	Atomic Force Microscope (Rasterkraftmikroskop)
CFD	Computational Fluid Dynamics
DLC	Diamond-like Carbon
EDX	energiedispersive Röngenstrahlung
EP	elektropoliert
HTRI	Heat Transfer Research Inc.
IAP	Ionenaktivitätsprodukt
PACVD	Plasma activated chemical vapor deposition
REM	Rasterelektronenmikroskop
SS	Stainless steel, Edelstahl
TEMA	Tubular Exchanger Manufacturers Association
TIRM	Total Internal Reflection Miroscopy

1 Einleitung

Das Fouling ist allgemein bekannt als die unerwünschte Verschmutzung von Oberflächen. Ein schwerwiegendes Problem, das nahezu die gesamte verarbeitende Industrie, insbesondere die Chemische, die Petrochemische, die Pharmazeutische und die Lebensmittelindustrie betrifft [*Bohnet, 1985; Müller-Steinhagen, 2006*]. Von dieser Belagbildung sind in der Regel Wärmeübertrager betroffen, die mit zunehmendem Fouling eine reduzierte Leistung aufweisen. Das Fouling wirkt sich dabei vor allem auf zwei Leistungsfaktoren negativ aus: ein Anstieg des Druckverlustes sowie eine Reduzierung des Wärmestromes. Die Erhöhung des Druckverlustes im Wärmeübertrager resultiert aus einer Reduzierung des Strömungsquerschnitts, und der reduzierte Wärmestrom ist auf den zusätzlichen Wärmedurchgangswiderstand durch die Foulingschicht zurückzuführen. Das Fouling kann dabei im Extremfall zu einem Totalausfall der entsprechenden Anlagen führen. Es steht fest: Fouling verursacht zusätzliche Kosten und kann die Effizienz eines verfahrenstechnischen Prozesses erheblich senken. Unter Umständen muss ein erheblicher Aufwand zur Vermeidung der Störeinflüsse durch Fouling betrieben werden. Hierzu können die zusätzlichen Investitionen für die Reinigung und die Kompensation von möglichem Produktionsausfall gezählt werden. Im Betrieb muss darüber hinaus mit zusätzlichen Energiekosten gerechnet werden. Meist durchläuft das Fouling in seiner Entwicklung mindestens zwei verschiedene Phasen: die Induktionsphase und die Schichtwachstumsphase. Während sich in der Schichtwachstumsphase die Leistung des Wärmeübertragers bereits stark verschlechtert hat, ist der Wärmedurchgang in der Induktionsphase noch nicht reduziert. Eine Modellierung der Induktionszeit t_{ind}, die den Zeitpunkt der einsetzenden Verschlechterung markiert, ist daher von technischem und ökonomischem Interesse. Die Berechnung der Schichtwachstumsphase gelingt durch entsprechende Foulingmodelle bereits gut [*Krause, 1986; Augustin, 1993; Hirsch, 1996*], wohingegen die Berechnung der Induktionsphase bislang stark limitiert oder nicht möglich ist. Das Maß für die Entwicklung des Foulings bezogen auf den Wärmedurchgang ist der Foulingwiderstand R_f. Technisch relevant ist dabei in der Regel der flächengemittelte Foulingwiderstand des gesamten Wärmeübertragers, der durch Temperaturmessungen bestimmt wird.

Ein weithin bekannter und gravierender Foulingtypus bildet das sogenannte Kristallisationsfouling, das in der Regel durch Wasserhärte hervorgerufen wird und Gegenstand der vorliegenden Arbeit ist. Dabei vollzieht sich auf der warmen Wärmeübertrageroberfläche ein Kristallisationsprozess von inverslöslichen Salzen. Eine Modellierung der Induktionsphase beim Kristallisationsfouling gestaltet sich bislang schwierig, da die entsprechenden Wirkmechanismen vielschichtig sind und miteinander wechselwirken. Der Foulingprozess weist zudem eine hohe Komplexität auf, da sich die verschiedenen Wirkmechanismen individuell und zugleich synchron entwickeln. Die vorliegende Arbeit wurde mit dem Ziel unternommen, eine Mechanismen-basierte Modellierung zur Berechnung der Induktionszeit beim Kristallisationsfouling zu etablieren. Als Basis für diesen Zweck dienten, nach eingehendem Studium der vorhandenen Grundlagen, sowohl herkömmliche als auch neue Verfahrensweisen zur Messung des Kristallisationsfoulings. Das Kristallwachstum wurde sowohl mit mikroskopischen als auch mit makroskopischen Methoden gemessen. Als Bezugsgröße für die Induktionszeit wurde der thermische Foulingwiderstand durch gezielte Versuchsdurchführung hinsichtlich der identifizierten Einflussparameter in unterschiedlichen Strömungskanälen untersucht. Diese Messungen dienten als Basis für die Modellierung der Wirkmechanismen. Im Fokus standen die Anzahl an Einzelkristallen, das Kristallwachstum, die Haftung von Einzelkristallen auf wärmeübertragenden Oberflächen und die Abtragung von Kristallisationsfouling. Es wurden dazu verschiedene modifizierte Oberflächen untersucht, wobei Edelstahl (EN 1.4301) als Referenz diente. Dabei wurden die inverslöslichen Salze Calciumcarbonat und Calciumsulfat stellvertretend für das Kristallisationsfouling getrennt voneinander untersucht.

Der Focus der vorliegenden Arbeit liegt auf der Modellierung des Kristallisationsfoulingprozesses zur Berechnung der Induktionszeit. Durch einige Arbeiten von Förster und Geddert [*Förster, 2001; Geddert, 2009a*], konnten verschiedene Einflussparameter für die Induktionszeit identifiziert und grundlegende Modellansätze formuliert werden. Im Wesentlichen wird die Induktionszeit von folgenden Parametern bestimmt: Übersättigungsgrad der salzbildenden Ionen, Strömungsgeschwindigkeit, Oberflächenrauheit und freie Oberflächenenergie. Bedeutende induktionszeitverlängernde Ergebnisse wurden durch den Einsatz von amorphen Kohlenstoffbeschichtungen, auch bekannt als Diamond-like Carbon (kurz DLC) Beschichtungen, erzielt. Diese konnte den antiadhäsiven Eigenschaften dieser Oberflächen und den daraus resultierenden schwächer wirkenden Haftkräften und Grenzflächen des Kristallisationsfoulings auf der Wärmeübertragerfläche zugeschrieben werden. Eine detaillierte Modellierung der Induktionszeit unter Berücksichtigung aller Einflussparameter war bislang aufgrund der hohen Komplexität der Vorgänge nicht möglich. Um die begonnenen Modellansätze für eine holistische Modellierung fortzuführen, wurde nach der Extraktion verschiedener Modelle der Einzelphänomene eine mechanistische Modellierung unter Berücksichtigung aller identifizierten Einflüsse synthetisiert. Eine Überprüfung des Modells erfolgte über eine sequentielle Simulation. Die Simulation wurde einer Parameterstudie sowie einer Fehleranalyse unterzogen.

2 Stand des Wissens

Die Ablagerung von Stoffen auf wärme- und stoffübertragenden Flächen ist im Allgemeinen als Fouling bekannt und ein signifikantes wirtschaftliches Problem seit der Industrialisierung im vorletzten Jahrhundert. Diese Verschmutzungen treten vor allem in der Prozessindustrie auf, wo Fouling-verursachende Fluide mit Oberflächen in Kontakt treten. Weithin bekannte Beispiele dafür sind die Verschmutzung von Abgaskühlern durch Verbrennungsprodukte [*Isdale, 1997*], das Membranfouling bei vielen Filtrationsprozessen [*Gilron, 1987*] und Gegenstand dieser Arbeit die Verkrustung von Wärmeübertragern [*Augustin, 1993*]. Allgemein werden fünf verschiedene Arten des Foulings in Abhängigkeit der Belag-bildenden Spezies und des Bildungsprozesses unterschieden: Kristallisations-, Korrosions-, Partikel-, Reaktions- und Biofouling [*Epstein, 1983*]. In der Regel führt die Belagbildung in einem Wärmeübertarger zu einem Anstieg des Druckverlustes und einer Verschlechterung des Wärmedurchgangs [*Krause, 1986*]. Nicht zuletzt dadurch verursacht Fouling erhebliche zusätzliche Kosten bei Investitionen und im Betrieb [*Müller-Steinhagen, 2006*]. Es muss in zusätzliche Anlagen bzw. Geräte investiert werden, um den Belag zu entfernen; es entstehen Reinigungs- und Instandhaltungskosten. Die befallenen Anlagen müssen eventuell abgeschaltet werden; es entstehen Produktionsverluste. Die oben beschriebene Verschlechterung der Anlagenleistung muss durch zusätzliche Pumpleistung oder erhöhten Wärmeeintrag kompensiert werden; es entstehen zusätzliche Energiekosten. Zusätzliche Kosten können auch bei der Investition in einen überdimensionierten Wärmeübertrager mit einer vergrößerten wärmeübertragenden Fläche entstehen. Dabei wird oft übersehen, dass der vermeintliche Vorteil einer größeren Wärmeübertragungsfläche zu einem Nachteil werden kann, wenn der Wärmeübertarger im sauberen Zustand durch Teillastbetrieb mit Fouling-begünstigenden Prozessparametern betrieben werden muss [*Hesselgreaves, 2002*]. Oftmals kann das Fouling auch zu einer Verminderung der Produktqualität führen, wie etwa bei der Kontamination durch Bakterien und Proteine in Prozessen der Lebensmittelindustrie [*Fryer, 2011; Boxler, 2013*]. Dies kann ebenfalls zusätzliche Betriebskosten zur Folge haben. Nach Abschätzungen von Garret-Price und Müller-Steinhagen betragen die durch Fouling verursachten Kosten 0,15 – 0,25% des Bruttonationaleinkommens (BNE) in hochindustrialisierten Ländern (Stand 1984) [*Garret-Price, 1985; Müller-Steinhagen, 2000*]. Für die Bundesrepublik Deutschland im Jahr 2011 wären das zusätzliche Kosten von ungefähr 6,86 Milliarden Euro bezogen auf den Wert der weltweiten deutschen Produktion (~ 2745 Mrd. Euro). Firmen und Hochschulinstitute wie die Heat Transfer Research Inc. (HTRI), die Tubular Exchanger Manufacurers Association Inc. (TEMA) und das ICTV untersuchen das Fouling in Wärmeübertragern für betroffene Unternehmen. Bei der Auslegung von Wärmeübertragern kommen dabei standardisierte Foulingwiderstände, wie zum Beispiel die TEMA Standards, zum Einsatz [*Scholl, 1996; Butterworth, 2002*]. Diese werden in der Regel im Wärmedurchgangswiderstand zur Berechnung der erforderlichen Wärmeübertragungsfläche berücksichtigt. Eine ganzheitliche und detaillierte Berechnung des Foulings erweist sich auch heute noch als schwierig, da die Wirkmechanismen und Einflussfaktoren im Fouling vielfältig und komplex sind. In einigen Fällen werden zu große Fouling-Zuschläge, insbesondere bei kompakten und mikroskaligen Wärmeübertragern, gewählt, da sich das Fouling systembedingt unterschiedlich stark entwickeln kann [*Hesselgreaves, 2002; Bucko, 2012; Mayer, 2012a; Mayer, 2013a*].

Beim Fouling können fünf verschiedene Stadien unterschieden werden, die in aufeinander folgenden Schritten durchlaufen werden [*Bohnet, 1985; Bott, 1995*] und sich wie folgt beschreiben lassen:

- **Initialisierung**
Die wärmeübertragende Oberfläche tritt mit dem Fouling-verursachenden Fluid erstmals in Kontakt. Dabei verändert sich der Prozess hinsichtlich Wärmedurchgang und Druckverlust noch nicht. Die Zeitspanne dieser Phase kann in Abhängigkeit der Einflussparameter unterschiedlich sein. Es finden erste Wechselwirkungen der Fouling-verursachenden Spezies mit der Oberfläche bzw. die Konditionierung dieser statt. Die Initialisierung ist ein Mechanismus, der in der Induktionsphase stattfindet.

- **Transport**
Der Antransport der Fouling-verursachenden Spezies aus der Kernströmung zur Oberfläche bzw. zum Belag erfolgt in der Regel per Diffusion oder Sedimentation durch die laminare Grenzschicht.

- **Ablagerung**
Die Belag-bildenden Komponenten adsorbieren schließlich an der Oberfläche bzw. am Belag und bleiben dort haften oder reagieren mit benachbarten Komponenten. Die Ablagerung des Foulings kann als simultaner Haftungs- und Wachstumsprozess an der Oberfläche verstanden werden. Kommt es dabei zu einer Reaktion muss zwischen diffusions- und reaktionskontrollierter Ablagerung unterschieden werden, andernfalls ist immer die Diffusions- oder die Sedimentationsgeschwindigkeit der geschwindigkeitsbestimmende Faktor. Bei Diffusion und Reaktion wirken immer die Konzentrationsgradienten des entsprechenden Bilanzraumes als Triebkraft.

- **Abtragung**
Eine mögliche Abtragung von wachsenden Foulingschichten ist in der Regel strömungsinduziert. Dabei überwinden die an dem Belag angreifenden fluiden Scherkräfte die Haftkräfte und es kommt zu einem Abriss.

- **Alterung**
Die Foulingschicht durchläuft einen Alterungsprozess, bei dem sie aufgrund der Prozessbedingungen ihre Struktur verändert. Dabei können anfangs poröse Foulingschichten nach dem Alterungsprozess kompakter, weniger porös sein oder die Strukturänderung begünstigt die Erosion.

In offenen Systemen, wie z.B. bei mit Flusswasser betriebenen Wärmeübertragern in Kraftwerken, treten meistens sogenannte Mischformen der oben genannten Foulingarten auf [*Höfling, 2004*]. Eine der häufigsten Arten des Foulings ist das Kristallisationsfouling in Wärmeübertragern, die mit Kühlwasser betrieben werden [*Müller-Steinhagen, 1999*]. Dabei bilden sich aus inverslöslichen Salzen, wie z. B. Calciumcarbonat und Calciumsulfat, Kristalle auf der warmen Wärmeübertrageroberfläche.

2.1 Kristallisationsfouling

Kristallisationsfouling tritt in Folge einer Kristallisation auf einer Oberfläche auf, die in vielen Fällen unbeabsichtigt ist. Die Oberfläche besteht dabei in der Regel aus anderen Stoffen als die kristallbildenden Komponenten. Bei dieser „heterogenen" Kristallisation auf einer artfremden Oberfläche kommt es immer zu einer lokalen Übersättigung bzw. Überkonzentrierung der kristallbildenden Komponenten auf dieser Oberfläche. Das System mit den gelösten Stoffen befindet sich in einem thermodynamischen Ungleichgewicht, das durch die einsetzende Phasenumwandlungsreaktion abgebaut wird. Die Stärke der Übersättigung ist demzufolge die Triebkraft für den Kristallisationsprozess und wird in der Regel durch eine Verschiebung des Lösungsgleichgewichtes aufgrund von Temperaturgradienten hervorgerufen: Bei normaler Löslichkeit entsteht die Übersättigung durch Abkühlung und bei inverser Löslichkeit durch Erhitzung [*Mullin, 2001*]. Als Maß für den Sättigungszustand kann der Sättigungsindex SI aus Gl. (2.1) herangezogen werden [*Augustin, 1995; Mullin, 2001; Geddert, 2009*]. Der Sättigungsindex ist definiert als Logarithmus des Verhältnisses von Ionenaktivitätsprodukt zu Löslichkeitsprodukt der beteiligten Komponenten.

$$SI = \log\left(\frac{IAP}{K_{sp}}\right) = \log\left(\frac{\prod_1^i a_i}{\prod_1^i a_i^{eq}}\right) \tag{2.1}$$

Eine Kristallisation findet demnach nur statt, wenn der Sättigungsindex größer als Null ist (SI > 0), während der Gleichgewichtszustand als gleich Null und eine Untersättigung als kleiner Null angezeigt wird. Besonders gravierend in der Chemischen Industrie ist das Kristallisationsfouling durch inverslösliche Salze (z.B. $CaCO_3$ und $CaSO_4$) die häufig bei Wasserhärte auftreten. Für Calciumcarbonat kann der Sättigungsindex auch als Differenz von tatsächlichem pH-Wert zu Gleichgewichts-pH ausgedrückt werden ($SI = pH - pH^{eq}$), da das Löslichkeitsprodukt vom Kalk-Kohlensäure-Gleichgewicht abhängt [*Augustin, 1995*]. In Kap. 3.2 werden die in den Versuchen eingestellten Sättigungsindices ausführlich erläutert.

Im Vergleich zu anderen Foulingarten wirkt sich das Kristallisationsfouling von Salzen besonders stark auf den Wärmedurchgang bei wärmeübertragenden Oberflächen aus, da die Kristalle als thermische Isolatoren wirken. Aufgrund ihres kompakten und stabilen Gitteraufbaus leiten sie Wärme nur durch Gitterschwingung bzw. durch Phononenleitung. Dementsprechend besitzen Kristallablagerungen geringere Wärmeleitfähigkeitswerte $\lambda_f \sim 0{,}6 - 5{,}8\ W\ m^{-1}\ K^{-1}$ im Vergleich zu einer Wärmeübertragerwand aus Edelstahl $\lambda_w \sim 15\ W\ m^{-1}\ K^{-1}$ [*Chenoweth, 1988; Bott, 1995; Taborek, 1997*].

2.1.1 Keimbildung

Die Keimbildung ist der erste Schritt der Kristallbildung durch Phasenumwandlung, wenn eine Übersättigung vorliegt (SI > 0). Prinzipiell wird bei der Keimbildung zwischen primären und sekundären Keimbildungsmechanismen unterschieden [*Mullin, 2001*]. Bei den primären Mechanismen wird zwischen der Keimbildung in einer Lösung oder fluiden Phase (homogene Keimbildung) und der Keimbildung auf einer artfremden Oberfläche (heterogene Keimbildung) unterschieden. Beim Kristallisationsfouling wird dabei der heterogenen Keimbildung eine vorherrschende Rolle zugeschrieben [*Geddert, 2009a; Förster, 2001*]. Sekundäre Keimbildungsmechanismen hingegen berücksichtigen die Keimbildung auf bereits bestehenden arteigenen Kristallen. In allen Fällen kommt es zu einer ersten lokalen Aufkonzentrierung der entsprechenden Ionen und ersten intermolekularen Wechselwirkungen, die zur Clusterbildung führen. Nach einem kurzen amorphen Zustand [*Saha, 2012*] richten sich die Ionen in einer definierten räumlichen Struktur aus und der Festkörper bildet sich heraus. Im Fall der heterogenen Keimbildung adsorbiert der Cluster an der Oberfläche und bildet eine Grenzfläche mit ihr aus. In Abb. 2.1 ist der heterogene Keimbildungsmechanismus schematisch dargestellt.

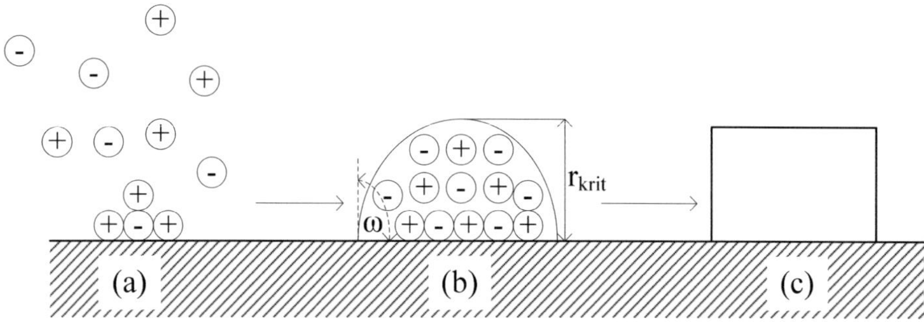

Abb. 2.1 Schematische Darstellung des heterogenen Keimbildungsmechanismus: (a) lokale Aufkonzentrierung, (b) kritische Clusterbildung, (c) Kristallkeim

Im Gegensatz zur homogenen Keimbildung bildet der Keim mit der artfremden Oberfläche einen Kontaktwinkel $0° < \omega < 180°$. Je geringer der Kontaktwinkel ist, desto stärker wirken Adhäsionskräfte an der Grenzfläche zur artfremden Oberfläche. Im Allgemeinen wird davon ausgegangen, dass die Keimbildung im Nanometerbereich (10^{-9} m) unter Beteiligung von 2 – 100 Atomen je nach Sättigungszustand stattfindet [*Markov, 2010*]. Entsprechend liegen die Einleitungszeiten bzw. Induktionszeiten der Keimbildung relativ kurzzeitig im Mikrosekunden- bis Minutenbereich [*Kind, 1990*]. Mit zunehmender Übersättigung wird die Induktionszeit für die Keimbildung kürzer [*Tai, 1995*]. Die Keimbildung beim Kristallisationsfouling findet daher vor allem in der Initialisierungsphase statt. In manchen Studien [*Rizzo, 2005; Fahiminia, 2007*] wird die Keimbildungsphase mit der Initialisierungsphase gleichgesetzt. Die Induktionszeit des Wärmedurchgangs beim Kristallisationsfouling wird in Kap. 2.2.1 erläutert.

Eine energetische Betrachtung der Keimbildung führt zur sogenannten kritischen Keimbildungsarbeit ΔG_{krit}, die aufgebracht werden muss, damit ein Keim stabil bleibt und es zur Phasenumwandlung kommt [*Volmer, 1939; Knacke, 1951; Uhlmann, 1965; Mullin, 2001*]. Unter Annahme eines sphärischen Keims bei der homogenen Keimbildung in einer Flüssigkeit kann die kritische Keimbildungsarbeit in Form der Änderung der freien Enthalpie in Gl. (2.2) mit Hilfe eines kritischen Keimradius r_{krit} beschrieben werden (vgl. Abb. 2.1).

$$\Delta G = \Delta G_V + \Delta G_A = -\frac{4}{3}\pi r^3 \frac{\Delta\mu}{\upsilon} + 4\pi r^2 \gamma_{cl} \tag{2.2}$$

Die Änderung der freien Enthalpie kann dabei in einen volumen- und oberflächenbezogenen Anteil unterteilt werden. Die Verringerung der freien Enthalpie des entsprechenden Kontrollvolumens ΔG_V wirkt dabei als energetische Senke (negatives Vorzeichen) und die Bildung der neuen

Phasengrenzfläche ΔG_A wirkt als energetische Quelle (positives Vorzeichen). In Abb. 2.2 sind die jeweiligen Terme der Änderung der freien Enthalpie über dem Keimradius aufgetragen. Die Änderung der freien Enthalpie durchläuft dabei das Maximum der kritischen Keimbildungsarbeit beim entsprechenden kritischen Keimradius bei $\partial(\Delta G)/\partial r = 0$:

$$r_{krit} = \frac{2\gamma_{cl}\upsilon}{\Delta\mu} \tag{2.3}$$

Die heterogene Keimbildung ist energetisch begünstigt, da der Keim mit der artfremden Oberfläche eine zusätzliche Grenzfläche ausbildet [*Volmer, 1939; Knacke, 1951; Uhlmann, 1965*]. Der kritische Keimradius (Abbn. 2.1 und 2.2) ist dabei reduziert. Nach Volmer [*Volmer, 1939*] kann die Keimbildungsenthalpie für den heterogenen Fall mit Hilfe eines Faktors aus dem homogenen Fall abgeschätzt werden:

$$\Delta G^{het} = \Phi\Delta G \tag{2.4}$$

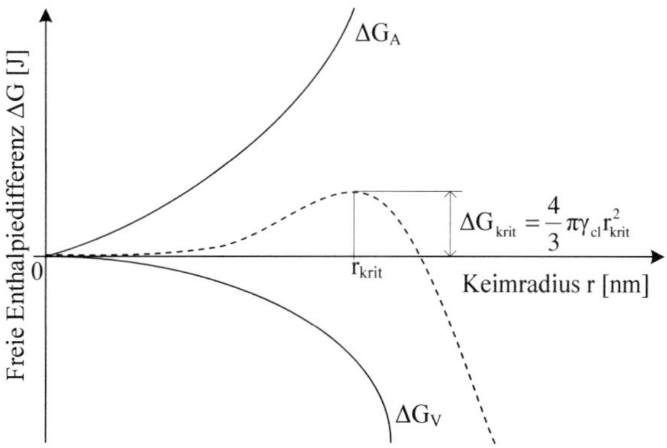

Abb. 2.2 Abhängigkeit der Änderung der freien Enthalpie vom Keimradius (sphärisch)

Dieser Faktor übernimmt dabei die Rolle einer zusätzlichen Grenzflächenenergie [*Uhlmann, 1965*] und leitet sich aus dem Kontaktwinkel ω des Keims auf der Oberfläche gemäß Abb. 2.1 ab. Je geringer der Kontaktwinkel ist, desto größer ist die Adhäsion zwischen Keim und Oberfläche und entsprechend gering ist die Energiebarriere für die heterogene Keimbildung [*Diao, 2011*]. Für die ebene Oberfläche gilt:

$$\Phi = \frac{(2+\cos\omega)(1-\cos\omega)^2}{4} \tag{2.5}$$

Die Kristallbildung auf Oberflächen bzw. die heterogene Keimbildung ist zudem auf rauen Oberflächen bzw. in Rissen und Kanten energetisch begünstigt [*Angerhöfer, 1994; Schubert, 1998; Geddert, 2009*]. Die generelle Kinetik der Keimbildung lässt sich mit Hilfe eines Arrhenius-Ansatzes beschreiben, mit dem sich die Keimbildungsrate berechnen lässt:

$$B = K \exp\left(-\frac{\Delta G}{k_B T}\right) = K \exp\left(-\frac{16\pi\gamma_{cl}^3 \upsilon^2}{\left(z\Re \ln\left(10^{SI}\right)\right)^2 k_B T}\right) \tag{2.6}$$

Bei der Beschreibung der Keimbildungskinetik ändern sich sowohl die freie Keimbildungsenthalpie als auch der prä-exponentielle Faktor K. Der prä-exponentielle Faktor ist im Allgemeinen abhängig vom Diffusionskoeffizient. Angerhöfer [*Angerhöfer, 1994*] und Franke [*Franke, 1994*] stellten folgende unterschiedliche Haupteinflüsse auf die Keimbildungsrate fest: Die heterogene Keimbildung tritt vor allem bei geringen Übersättigungen auf und wird zudem durch die Zahl der Fremdpartikel bzw. der Größe der artfremden Oberfläche bestimmt. Im Gegensatz zur homogenen Keimbildung fließen bei der heterogenen Keimbildung die Zahl der Fehlstellen, der Korrekturfaktor aus Gl. (2.5), der Oberflächendiffusionskoeffizient sowie die Größe der artfremden Oberfläche in den prä-exponentiellen Faktor ein [*Franke, 1994*]. Die Homogene Keimbildung tritt hingegen verstärkt bei höheren Übersättigungen auf und nimmt ab einer bestimmten Grenzübersättigung stärker zu als die heterogene Keimbildung. In der Regel ist der Betrag der Steigung $|\partial B/\partial(\ln(10^{SI})^{-2}|$ (vgl. Gl. (2.6)) bei der homogenen Keimbildung größer als bei der heterogenen Keimbildung [*Angerhöfer, 1994*].

2.1.2 Kristallwachstum

Das Kristallwachstum setzt in der Regel unmittelbar nach Abschluss des Keimbildungsprozesses ein und umfasst sowohl den Transport- als auch den Ablagerungsprozess beim Kristallisationsfouling [*Bohnet, 1985*]. Ebenso wie bei der Keimbildung findet Kristallwachstum nur bei einer vorliegenden Übersättigung statt (SI > 0). Wachstumseinheiten, in der Regel Ionen sowie hydratisierte kleinere und größere Moleküle, werden dabei in einer chemischen Reaktion in den bestehenden Kristall unter Zunahme der Masse integriert. Ein geläufiges Modell zur Beschreibung der Kinetik ist dabei das Zweischrittmodell [*Karpinski, 1985*]:

1. Diffusionsschritt (Transport aus Bulk)
2. Reaktionsschritt (Integration in Kristall)

Mullin [*Mullin, 2001*] hat für den Prozess des Kristallwachstums weitere Teilschritte identifiziert:

1. Bulkdiffusion von gelösten Ionen durch die Diffusionsgrenzschicht
2. Bulkdiffusion von gelösten Ionen durch die Adsorptionsgrenzschicht
3. Oberflächendiffusion von gelösten und gebundenen Ionen
4. Partielle oder komplette Bindung von Ionen
5. Integration von Ionen in das Kristallgitter
6. Gegendiffusion von freigesetztem Wasser durch die Adsorptionsgrenzschicht
7. Gegendiffusion von freigesetztem Wasser durch die Diffusionsgrenzschicht

Bei dem Zweischrittmodell unterscheidet man zwischen Diffusions- und Reaktions-kontrolliertem Wachstum. Der geschwindigkeitsbestimmende Schritt ist dabei der langsamere Prozess und von der Größe der entsprechenden Triebkraft, der Konzentrationsdifferenz bis zur Adsorptionsgrenzschicht, abhängig [*Mersmann, 2001*]. In Abb. 2.3 sind die Konzentrationsprofile an einem Kristall für beide Fälle dargestellt. Im Fall diffusionslimitierten Wachstums muss die Konzentrationsdifferenz, die bei der Diffusion wirkt, wesentlich größer sein als diejenige, die bei der Reaktion wirkt $(C_b - C_f) >> (C_f - C^{eq})$. Für reaktionskontrolliertes Wachstum gilt im Umkehrschluss: $(C_f - C^{eq}) >> (C_b - C_f)$. Nach Mersmann [*Mersmann, 2001*] tritt ein reaktionskontrollierter Mechanismus häufig bei hohen Übersättigungen sowie bei niedrigen Reaktionsgeschwindigkeiten und hohen diffusiven

Stoffübergängen auf. Desweiteren ist in der Regel das Wachstum einer rauen Kristalloberfläche diffusionskontrolliert, da viele Einbaustellen zur Verfügung stehen, während das Wachstum einer glatten Kristalloberfläche reaktionskontrolliert ist.

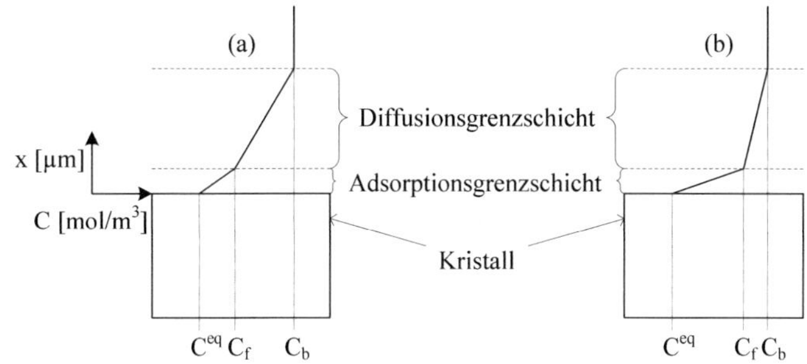

Abb. 2.3 Konzentrationsprofile beim Kristallwachstum: (a) diffusionskontrolliert, (b) reaktionskontrolliert

Für beide Vorgänge – Stofftransport und Einbaureaktion – lässt sich jeweils eine flächenbezogene Ablagerungsrate formulieren. Beim Kristallisationsfouling lässt sich folgende Kinetik für die Diffusion aus dem Fick'schen Gesetz für das Kristallmassenwachstum pro Zeit- und Flächeneinheit formulieren:

$$\dot{m}_d = \beta(C_b - C_f) \tag{2.7}$$

Der Stoffübergangskoeffizient β in Gl. (2.7) kann aus der Sherwood-Zahl Sh bestimmt werden. Der Stoffübergangskoeffizient steigt in der Regel mit zunehmenden Strömungsgeschwindigkeiten und Reynolds-Zahlen Re. Der Reaktionsschritt kann mit Hilfe einer dem Reaktionstyp entsprechenden Reaktionskinetik berechnet werden:

$$\dot{m}_d = k_R\left(C_f - C^{eq}\right)^n \tag{2.8}$$

Die Geschwindigkeitskonstante k_R in Gl. (2.9) lässt sich mit Hilfe der Arrhenius-Gleichung als Funktion der absoluten Temperatur bestimmen:

$$k_R = k_{R0} \exp\left(-\frac{E_A}{\Re T}\right) \tag{2.9}$$

Hierin ist E_A die Aktivierungsenergie, eine reaktionsspezifische Energiebarriere für den Reaktionsfortschritt. Die Aktivierungsenergie für das Kristallwachstum aus einer Lösung sowohl von Calciumcarbonat als auch von Calciumsulfatdihydrat liegt in Abhängigkeit vom Sättigungsindex zwischen 30 und 120 kJ mol^{-1} [*Bohnet, 1985; Witkamp, 1990; Augustin, 1995; Gutjahr, 1996*]. Typische Werte für diese Stoffsysteme liegen in einem Temperaturbereich von ca. 20 – 80 °C bei ~ 40 kJ mol^{-1} [*Bohnet*, 1985; *Klepetsanis*, 1991; *Gutjahr, 1996*]. Die Reaktionsordnung n in Gl. (2.8) beträgt für beide Stoffsysteme zwei.

Nach Karpinski [*Karpinski, 1985*], Klepetsanis [*Klepetsanis, 1991*] und Kind [*Kind, 1990*] kann die Gesamtkinetik nach Gl. (2.10) mit Hilfe der Übersättigung und somit als Funktion des Sättigungsindex formuliert werden. Hierin ist k_G die Gesamt-Geschwindigkeitskonstante und g die Gesamtordnung des Wachstums, die von der Reaktionsordnung abweichen kann. Dies ist insbesondere dann nützlich, wenn der Konzentrationsverlauf aus Abb. 2.3 unbekannt, der Sättigungsindex hingegen an einer bestimmten Stelle mit definierter Temperatur bekannt ist.

$$\dot{m}_d = k_G SI^g \tag{2.10}$$

Das Kristallisationsfouling ist nach Augustin [*Augustin, 1995*] für technisch relevante makroskalige Wärmeübertragungsprozesse meistens reaktionskontrolliert. Jüngere Studien zum Kristallisationsfouling in mikroskaligen Wärmeübertragern weisen ebenfalls auf einen reaktionskontrollierten Prozess aufgrund kurzer Diffusionswege und hohen Strömungsgeschwindigkeiten hin [*Bucko, 2012; Mayer, 2012a*]. Im Fall reaktionskontrollierten Foulings muss die entsprechende Damköhler-Zahl wesentlich kleiner als eins sein (Da << 1).

2.1.3 Haftung

Die Haftung der Kristalle auf der Wärmeübertrageroberfläche beim Kristallisationsfouling ist aus technischer Sicht, in der Regel bei Strömung des Fouling-verursachenden Prozessfluides, ein entscheidender Vorgang mit Auswirkungen auf den Foulingfortschritt. Wenn die kristallinen Ablagerungen auf der Oberfläche nicht haften, sind die Auswirkungen des Kristallisationsfoulings auf die Leistung des Wärmeübertragers inhibiert. Die Haftung ist ein Teilprozess sowohl der heterogenen Keimbildung als auch des Wachstums und nimmt somit eine zentrale Position im Mechanismus des Foulingprozesses ein. Wie in Kap. 2.1.1 erläutert, bildet sich bereits bei der heterogenen Keimbildung eine Grenzfläche zwischen Keim und Oberfläche aus, die zur Haftung der sich bildenden Ablagerung beiträgt. Die Haftung ist hierbei in erster Linie nicht auf die Gewichtskraft, sondern auf eine intermolekulare Kraft zurückzuführen. Diese Kraft ist stark abhängig vom Abstand zwischen den beiden Körpern. Die Wechselwirkungsenergie zwischen zwei Atomen verändert sich nach der Lennard-Jones-Beziehung mit ihrem Abstand ($-r^{-6}$). Dabei wirken bei großen Entfernungen anziehende und bei sehr kleinen Entfernungen abstoßende Kräfte zwischen den Körpern [*Israelachvili, 2011*]. Bei makroskopischen Körpern können hingegen verschiedene Wechselwirkungskräfte für die Haftung von Ablagerungen auf Oberflächen verantwortlich sein: Van-der-Waals-Kräfte, elektrostatische Kräfte, Kapillarkräfte, chemische Bindungskräfte, Wasserstoffbrücken, mechanische Verankerungen in Mikro-Rauheiten und weitere [*Butt, 2010*]:

$$F = F_{vdW} + F_{el} + F_{Kap} + F_{chem} + F_{H::X} + F_{Mech} + \ldots \tag{2.11}$$

Für die Haftung beim Kristallisationsfouling lassen sich einige Grundlagen anhand der Analogie zum Partikelfouling erklären [*Oliveira, 1997*]. Viele Studien erklären die Haftung beim Partikelfouling mit Hilfe entsprechender Ansätze für Van-der-Waals-Kräfte zwischen Oberflächen, die zwischen Partikel und Oberfläche wirken [*Lefèvre, 2009*]. Für die Adhäsion eines Partikels mit dem Radius R auf einer ebenen Oberfläche gilt für die Adhäsionsenergie [*Isrealachvili, 2011*]:

$$E_{ad} = -\frac{A_H R}{6 D_0} \tag{2.12}$$

Darin sind A_H die Hamaker-Konstante und D_0 der minimale Abstand zwischen den Interaktionskörpern. Die Hamaker-Konstante A_H, ist eine stoffspezifische Energiekonstante für die Adhäsionskraft zwischen zwei Medien bzw. Körpern. Die Adhäsionskraft lässt sich durch Ableitung der Adhäsionsenergie nach der minimalen Distanz ($-\partial E_{ad}/\partial D_0$) formulieren zu [*Hamaker, 1937*]:

$$F_{ad} = \frac{A_H R}{6D_0^2} \tag{2.13}$$

Typische Werte für die minimale Distanz liegen im Ångströmbereich (10^{-10} m), der Größenordnung von Ionenradien. Für zwei ebene Oberflächen 1 und 2 berechnet sich die van der Waals'sche Adhäsionskraft unter Berücksichtigung der wirksamen Grenzfläche A_{12}:

$$F_{ad} = \frac{A_H A_{12}}{12\pi D_0^3} \tag{2.14}$$

Die adhäsive Grenzfläche zwischen einem Kristall und der Wärmeübertrageroberfläche wird in dieser Arbeit A_{cs} bezeichnet. Die Hamaker-Konstante nimmt in Abhängigkeit vom Umgebungsmedium in der Regel Werte zwischen 10^{-21} – 10^{-19} J an. Beispielsweise liegt die Hamaker-Konstante von interagierendem Aluminiumoxid (Al_2O_3) in Vakuum bei $1{,}4 \cdot 10^{-19}$ J und in Wasser bei $4{,}2 \cdot 10^{-20}$ J. Bei Metallen, wie Gold, Silber und Kupfer hingegen, liegt die Hamaker-Konstante unabhängig vom Umgebungsmedium bei ~3 – $5 \cdot 10^{-19}$ J. Nach Israelachvili [*Israelachvili, 2011*] kann die Hamaker-Konstante für zwei interagierende Medien im Vakuum mit Hilfe der Werte der Reinstoffe abgeschätzt werden:

$$A_{H,12} \approx \sqrt{A_{H,11} A_{H,22}} \tag{2.15}$$

Für ein Umgebungsmedium, wie zum Beispiel Luft oder Wasser kann folgender Ansatz verwendet werden:

$$A_{H,132} \approx \left(\sqrt{A_{H,11}} - \sqrt{A_{H,33}}\right)\left(\sqrt{A_{H,22}} - \sqrt{A_{H,33}}\right) \tag{2.16}$$

Nach Butt und Kappl [*Butt, 2010*] lässt sich die Hamaker-Konstante eines reinen Festkörpers mit Hilfe seiner freien dispersen Oberflächenenergie abschätzen:

$$A_{H,11} \approx 24\pi D_0^2 \gamma_1^{disp} \tag{2.17}$$

In Abb. 2.4 ist der Verlauf der Wechselwirkungsenergie sowie der Van-der-Waals-Kraft zwischen zwei glatten Oberflächen als Funktion der Distanz schematisch dargestellt. Anziehende und abstoßende Kräfte verhalten sich dabei analog zur Lennard-Jones-Beziehung. Der stabilste Zustand liegt dabei im Energieminimum bzw. im Kräfte-Gleichgewicht bei minimaler Distanz.

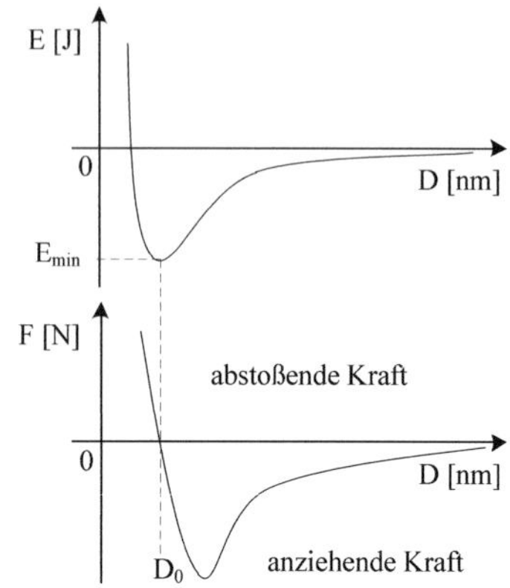

Abb. 2.4 Wechselwirkungsenergie und Van-der-Waals-Kraft zwischen zwei glatten Oberflächen schematisch

Dupré [*Butt, 2010*] entwickelte einen Ansatz zur Beschreibung der Adhäsionsarbeit in Abhängigkeit der freien Ober- bzw. Grenzflächenenergien:

$$E_{ad} = \gamma_1 + \gamma_2 - \gamma_{12} \tag{2.18}$$

Die Grenzflächenenergie ist dabei gleich der Änderung der freien Enthalpie, die zur Schaffung der Grenzfläche notwendig ist $(\partial G/\partial A_{cs})_{T,p,n}$ [*Butt, 2010*]. Als freie Oberflächenenergie gilt im Allgemeinen die Grenzflächenenergie eines Mediums mit Luft. Die freie Grenzflächenenergie zwischen zwei Festkörpern 1 und 2 lässt sich nach Salmang und Scholze [*Salmang, 2007*] mit Hilfe der freien fest-flüssig Grenzflächenenergie des größeren Körpers 2 mit Wasser sowie des Kontaktwinkels zwischen beiden Festkörpern abschätzen:

$$\gamma_{12}^{ss} \approx 2\gamma_2^{sl} \cos\left(\frac{\omega}{2}\right) \tag{2.19}$$

Nach Butt und Kappl [*Butt, 2010*] lässt sich die Adhäsionskraft eines sphärischen Körpers auf einer glatten Oberfläche mit Hilfe der Adhäsionsarbeit berechnen zu:

$$F_{ad} = 2\pi R E_{ad} \tag{2.20}$$

Bei der Partikelhaftung überwiegen in der Regel topographische Einflüsse gegenüber energetischen. Rumpf [*Rumpf, 1990*] schlug ein entsprechendes Modell vor, welches die Oberflächenwelligkeit d berücksichtigt:

$$F_{ad} = \frac{A_H}{6 \cdot D_0^2}\left[\frac{R \cdot d}{R + d} + \frac{R}{(1 + d/D_0)^2}\right] \tag{2.21}$$

Rabinovich [*Rabinovich, 2000a*] formulierte eine Erweiterung des Adhäsionskraftmodells von Rumpf für nanoskalige Oberflächenrauheit und Welligkeit bei der Partikeladhäsion auf Oberflächen:

$$F_{ad} = \frac{A_H \cdot R}{6 \cdot D_0^2}\left[\left(1+\frac{32 \cdot R \cdot k_1 \cdot S_q}{d^2}\right)^{-1} + \left(1+\frac{k_1 \cdot S_q}{D_0}\right)^{-2}\right] \tag{2.22}$$

Hierin ist S_q die mittlere quadratische Rauheit, d die Welligkeit der Oberfläche und k_1 ist ein Proportionalitätsfaktor (k_1 = 1,817). Während die Adhäsionskräfte von Partikeln auf Oberflächen im nanoskaligen Bereich (~ 10^{-9} N) liegen, können Beläge und Flächen mit deutlich größeren Kräften haften. Durch den Einfluss der Topographie realer Oberflächen kann die Haftkraft in Abhängigkeit von der Haftstelle unterschiedliche Werte annehmen. Während die Haftfestigkeit ein Maß für den inneren adhäsiven Druck eines Systems aus mindestens zwei Festkörpern ist, ist die Scherfestigkeit ein Maß für den kohäsiven Druck in einem Festkörper. Diese werden durch das jeweilige Verhältnis von wirksamer Kraft zu entsprechender adhäsiver Grenzfläche bzw. kohäsiver Querschnittsfläche gebildet. Ein allgemeiner Ansatz für die Haftung lässt sich formulieren zu:

$$H = \frac{F_H}{A} \tag{2.23}$$

In der Regel ist dabei die Scherfestigkeit größer als die Haftfestigkeit, da die Van-der-Waals-Kräfte bei vergleichbarer Größe der Grenz- bzw. Querschnittsfläche schwächer sind als zum Beispiel die Ionenbindungen in einem Kristall. Ist die adhäsive Grenzfläche jedoch deutlich größer als die kohäsive Querschnittsfläche ($A_{12} >> A_{11}$) kann die adhäsive Haftfestigkeit stärker sein als die kohäsive im entsprechenden System. In ungeordneten, heterogenen Systemen, wie beim Kristallisationsfouling, ist die Haftfestigkeit zudem stark abhängig vom Kraftangriffspunkt der fluiden Scherkraft. Es ist also von Interesse, ob F_H vor allem adhäsiven oder kohäsiven Kräften zu zurechnen ist. Die heute messbaren geringsten Haftkräfte reichen von ~ 10^{-15} N bei Partikelagglomeration mittels Total Internal Reflection Microscopy (TIRM) bis ~ 10^{-10} N bei Partikelhaftung auf Oberflächen mittels Atomic Force Microscopy (AFM). In dieser Arbeit wurde speziell zur Messung der Haftkräfte von mikroskaligen Einzelkristallen beim Kristallisationsfouling eine neuartige Messmethode [*Mayer, 2012b*] angewandt, die in Kap. 3.3.3 beschrieben ist.

2.1.4 Abtragung

Beim Kristallisationsfouling kann es an den kristallinen Ablagerungen aufgrund von angreifenden Strömungskräften zur Abtragung kommen. In dem Prozessschritt der Abtragung akkumulieren sich die zeitlich zuvor ablaufenden Vorgänge Keimbildung, Wachstum und Haftung und überlagern sich mit dem Einfluss der fluiden Scherkräfte. Aus technischer Sicht ist schon hier absehbar, dass der Abtragung neben einem möglichen „Engineering“ der Haftung besondere Aufmerksamkeit zu widmen ist, da dabei mögliche negative Auswirkungen der vorangehenden Prozesse überwunden werden können. Der Zusammenhang ist in Abb. 2.5 schematisch dargestellt, dabei sind Ablagerung und Abtragung auf die Wärmeübertrageroberfläche bezogen, letzter dient als Kontrollfläche. Wie im vorangehenden Kapitel beschrieben, kann für das Kristallisationsfouling angenommen werden, dass vorrangig eine Abtragung durch Überwindung kohäsiver und adhäsiver Kräfte stattfindet.

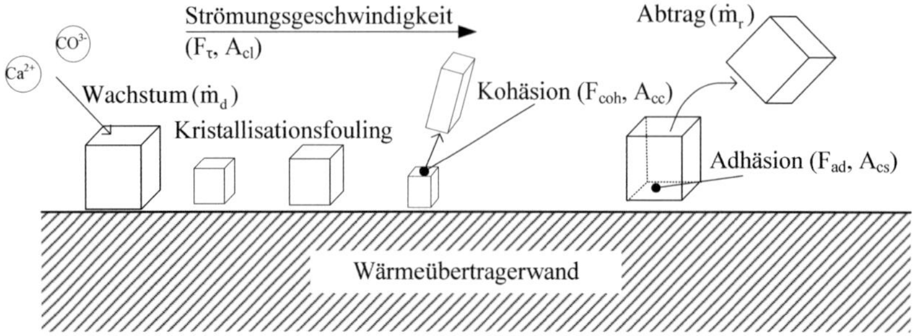

Abb. 2.5 Ablagerung sowie kohäsive und adhäsive Abtragung beim Kristallisationsfouling (schematisch)

Die Scherkräfte sind dabei proportional zur Strömungsgeschwindigkeit w zum Quadrat, der Fluiddichte ρ_{fl} sowie der angeströmten Kristallfläche A_{cl}.

$$F_\tau \propto \rho_l w^2 A_{cl} \tag{2.24}$$

Die Auswirkungen der Abtragung sind vor allem auf die Masse pro Zeit- und Flächeneinheit untersucht worden [*Bohnet, 1985; Hirsch, 1996b; Förster, 2001*]. Eine entsprechende Bilanzierung von Ablagerungsrate $\dot{m}_d$ und Abtragungsrate $\dot{m}_r$ kann wie folgt aufgestellt werden:

$$\dot{m}_f = \dot{m}_d - \dot{m}_r = \dot{m}_d \left(1 - \Gamma\left(\frac{F_\tau}{F_H}\right)\right) \tag{2.25}$$

Der Abtragungsterm kann nach Förster [*Förster, 2001*] durch eine Abtragwahrscheinlichkeit ausgedrückt werden, die in Abhängigkeit vom Verhältnis der fluiden Scherkräfte zu den Haftkräften mit Hilfe einer Weibull-Verteilung beschrieben werden kann:

$$\Gamma = 1 - \exp\left(-\frac{F_\tau/F_H - \chi_I}{\chi_{II}}\right)^{\chi_{III}} \tag{2.26}$$

Darin sind χ_I, χ_{II} und χ_{III} die Weibull-Parameter. Es ist möglich, dass, wie in Abb. 2.5 dargestellt, bei einem Abtrag entweder adhäsive oder kohäsive Haftkräfte überwunden werden. Dies kann, wie in Kap. 2.1.3 erläutert, auf die lokale Haftfestigkeit des Systems Kristall-Wärmeübertrageroberfläche sowie den Kraftangriffspunkt der fluiden Scherkraft zurückgeführt werden. Da einerseits die Haftung der Kristalle auf der Oberfläche und andererseits auch durch unterschiedlich starkes Wachstum, die fluiden Scherkräfte verteilt sind, kann die Abtragwahrscheinlichkeit als mittleres integrales Maß für den massenbezogenen Abtrag verstanden werden. Die Bestimmung der Abtragwahrscheinlichkeit sowie der entsprechenden Weibull-Parameter in Abhängigkeit der Strömungsgeschwindigkeit sowie der Oberflächeneigenschaften wird in Kap. 4.2.3 erklärt. In Abb. 2.6 ist die Abtragwahrscheinlichkeit über dem Kräfteverhältnis aufgetragen. Nach Förster lassen sich zwei Randbedingungen formulieren: 1. Existenz einer unteren Grenze $(F_\tau/F_{ad})_u$, die für einen möglichen Abtrag überschritten werden muss, und 2. Für ein Kräfteverhältnis gleich eins, entspricht dies einer Abtragwahrscheinlichkeit von 50% (Γ = 0,5). Für steigende Kräfteverhältnisse nimmt der Einfluss der fluiden Scherkraft zu und der Haftkraft ab. Die Abtragwahrscheinlichkeit strebt für große Kräfteverhältnisse gegen 100% (Γ = 1).

Ein weiteres Modell für den Schichtabtrag beim Fouling wurde von Bohnet [*Bohnet, 1985*] entwickelt. Der Abtragungsterm in Gl. (2.25) lässt sich demnach in Abhängigkeit der Wandschubspannung τ_w und der Haftfestigkeit der Foulingschicht H wie folgt formulieren:

$$\dot{m}_r = k_I \left(\frac{\eta g}{\rho} \right)^{1/3} \frac{\rho_f}{H} \tau_w \qquad (2.27)$$

Nach Hirsch [*Hirsch, 1996a*] ist der Vorfaktor für das Kristallisationsfouling $k_I = 2{,}75 \cdot 10^{-3}$.

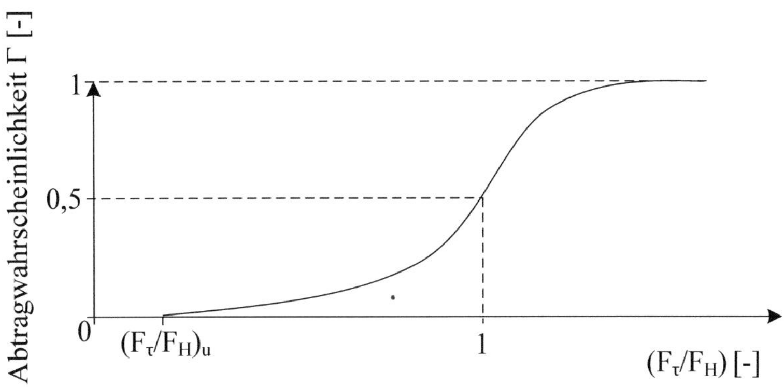

Abb. 2.6 Abtragwahrscheinlichkeit über Kräfteverhältnis

In Abb. 2.7 sind verschiedene mögliche Verläufe der Foulingmasse m_f beim Kristallisationsfouling dargestellt. Je nach Größe der Abtragungsrate können sich unterschiedliche Verläufe der Foulingmasse einstellen. Die auf der Wärmeübertrageroberfläche gebildete Foulingmasse kann dabei nur Werte größer gleich Null ($m_f \geq 0$ kg m^{-2}) annehmen. Wenn die Abtragungsrate gleich Null ist (Abb. 2.7 (a)), ist die gebildete Foulingmasse m_f gleich der Ablagerungsmasse m_d für reines Kristallwachstum, wie in Kap. 2.1.2 beschrieben. Bei Abtragung sinkt die Zunahme der Foulingmasse entsprechend der Größe der Abtragwahrscheinlichkeit. Eine geringere Zunahme stellt sich mit steigender Abtragungsrate ein (Abb. 2.7 (b)). Wenn die Abtragungsrate gleich der Ablagerungsrate wird, stellt sich in der Regel ein asymptotischer Verlauf ein (Abb. 2.7 (c)). Im Falle eines kompletten Abtrags der gesamten abgelagerten Foulingmasse ($m_r = m_d$) ist die Foulingmasse gleich Null ($m_f = 0$ kg m^{-2}). Dies ist in der Regel überhaupt nur bei sehr geringer Haftung und großen Strömungsgeschwindigkeiten bzw. fluiden Scherkräften möglich. Bei einem plötzlichem Abriss größerer Schichtteile kann sich ein so genanntes Sägezahnmuster (s. Abb. 2.7 (d)) einstellen.

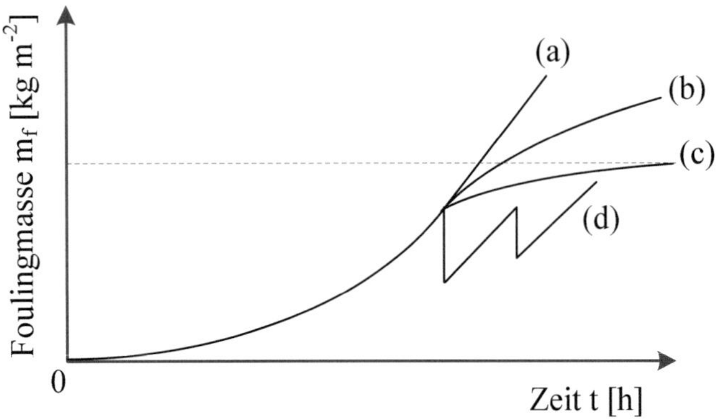

Abb. 2.7 Typische Foulingmassenverläufe beim Kristallisationsfouling: (a) Abtragungsrate gleich null, (b) Ablagerungsrate ist größer als Abtragungsrate, (c) Ablagerungsrate gleich Abtragungsrate, (d) Sägezahnverlauf bei Abtragung großer Fraktionen

2.1.5 Alterung

Die Alterung beim Fouling allgemein bezieht sich in erster Linie auf eine Veränderung der physikalischen und chemischen Eigenschaften der Foulingschicht. So kann es beispielsweise beim Reaktionsfouling durch Rohöl zu einer Abnahme der Schichtdicke durch Erhöhung der Belagdichte kommen [*Ishiyama, 2011; Pogiatzis, 2012*]. Dabei kann es auch zu einer Zunahme der Wärmeleitfähigkeit und des Elastizitätsmoduls kommen. Beim Kristallisationsfouling wird vor allem über eine Strukturänderung durch eine thermisch induzierte Modifikation der Kristallstruktur sowie über eine Abnahme der Porosität berichtet [*Hirsch, 1996b; Förster, 2001; Höfling, 2004*]. Aus der Kristallstruktur Calciumsulfatdihydrat ($CaSO_4{\cdot}2H_2O$) kann es durch Erhitzung über 130 °C zur Bildung von Calciumsulfat-Hemihydrat ($CaSO_4{\cdot}0{,}5H_2O$) und Anhydrit II und III ($CaSO_4$) kommen. Calciumsulfat-Dihydrat bildet eine monoklin-prismatische, das Hemihydrat eine rhomboedrische und Anhydrit II und III eine hexagonal-trapezoedrische Gitterstruktur aus. Dies geht mit einer Masseabnahme von bis zu 20% einher. Bei einer Dehydratation von gebundenem Kristallwasser kommt es nach Förster [*Förster, 2001*] aufgrund einer Schwächung der interkristallinen Haftkräfte zu einer Abnahme der Haftfestigkeit der Foulingschicht. Dies kann die Abtragung der Foulingschicht begünstigen (vgl. Kap. 2.1.4). Die Modifikation Anhydrit I (kubisch-flächenzentriert) ist technisch weniger relevant, da sie sich ab Temperaturen größer 1180 °C bildet [*Höfling, 2004*]. Calciumcarbonat ($CaCO_3$) bildet in Abhängigkeit von Konzentration, Temperatur und pH-Wert entweder Calcit (trigonal), Aragonit (rhombisch) oder Vaterit (hexagonal). Vaterit bildet sich vor allem bei geringeren Temperaturen (< 40 °C), während Calcit und Aragonit vor allem bei höheren Temperaturen auskristallisieren.

2.2 Thermischer Foulingwiderstand

Ein Wärmeübertrager wird zur Übertragung einer bestimmten Wärmemenge pro Zeit, des Wärmestromes, konstruiert. Mit Hilfe von Gl. (2.28) wird der Wärmestrom über die Bilanz des wärmeaufnehmenden oder wärmeabgebenden Mediums quantifiziert. Mit Gl. (2.29) hingegen wird der Wärmestrom über die Transportgleichung berechnet [*VDI-Wärmeatlas, 2006*].

$$\dot{Q} = \dot{M} c_p \Delta T \tag{2.28}$$

$$\dot{Q} = kA\Delta T_M \tag{2.29}$$

Der Wärmekapazitätsstrom $\dot{M}\, c_p$ ist das Produkt von mittlerem Massenstrom und Wärmekapazität. Der kA-Wert ist das Produkt aus Wärmedurchgangskoeffizient und Wärmeübertragerfläche. Während in Gl. (2.28) die Temperaturdifferenz $(T_{2,aus} - T_{2,ein})$ an Ein- und Austritt auf der kälteren Seite 2 als Triebkraft wirkt, wird in Gl. (2.29) das logarithmische Mittel der Temperaturdifferenzen an Stelle I und Stelle II zwischen der wärmeren und kälteren Seite gemäß Gl. (2.30) gebildet.

$$\Delta T_M = \frac{\Delta T_{1-2,I} - \Delta T_{1-2,II}}{\ln\left(\frac{\Delta T_{1-2,I}}{\Delta T_{1-2,II}}\right)} \tag{2.30}$$

Bei der globalen Betrachtung des Wärmeübertragers befinden sich diese Stellen ebenfalls an Ein- und Austritt. Der Wärmedurchgang einer ebenen Fläche im sauberen Zustand wird mit Hilfe des Wärmedurchgangskoeffizienten über die beidseitigen äußeren Widerstände $1/\alpha_{1,2}$ sowie dem inneren Widerstand x_w/λ_w beschrieben. Wie in Gl. (2.31) dargestellt, summieren sich die reziproken Einzelwiderstände zum reziproken Wärmedurchgangskoeffizienten, dem Wärmedurchgangswiderstand. Bei unebenen Wänden müssen die Einzelwiderstände mit den entsprechenden Verhältnissen von wirksamer Fläche zu Bezugsfläche multipliziert werden.

$$\frac{1}{k_0} = \frac{1}{\alpha_{1,0}} + \frac{x_w}{\lambda_w} + \frac{1}{\alpha_{2,0}} = \frac{A_0 \Delta T_{M,0}}{\dot{Q}_0} \tag{2.31}$$

Somit ist bei der indirekten Wärmeübertragung der Wärmestrom in erster Linie von der Summe der Einzelwiderstände des Wärmedurchgangskoeffizienten und der Wärmeübertragungsfläche abhängig. Neben dem Druckverlust, auf den später noch eingegangen wird, ist die thermische Leistung in Form von festgelegten Ein- und Austrittstemperaturen Hauptkriterium für die Leistungsfähigkeit bzw. die Leistungsanforderung eines Wärmeübertragers. Wie oben bereits erwähnt, nimmt das Fouling insbesondere auf die Prozesstemperaturen des Wärmeübertragers einen messbaren Einfluss [*VDI-Wärmeatlas, 2006*]. Der Wärmedurchgang verändert sich mit der Zeit und, da das Fouling in der Regel thermisch isolierend wirkt (s. Kap. 2.1), verschlechtert sich der Wärmedurchgang bei entsprechend signifikanter Belagbildung. Die Temperaturgradienten beim Wärmedurchgang mit und ohne Fouling auf der kälteren Seite einer ebenen Wärmeübertragungsfläche bei konstantem Wärmestrom sind in Abb. 2.8 dargestellt.

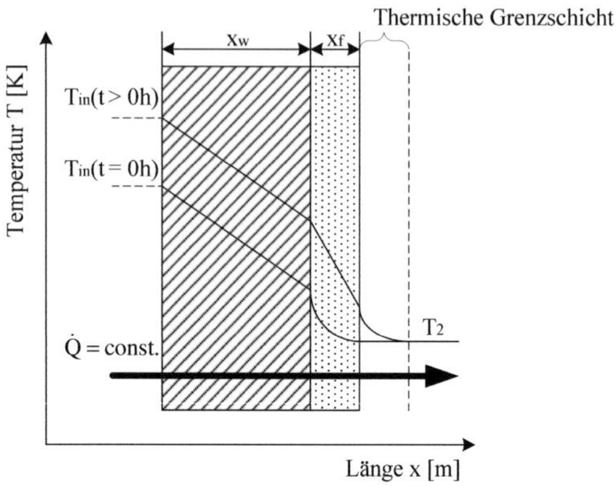

Abb. 2.8 Temperaturgradienten beim Wärmedurchgang ($\dot{Q}$= const.) mit Fouling

Der durch die Ablagerung veränderte Wärmedurchgang bezogen auf den sauberen Zustand wird durch die Differenz der reziproken Wärmedurchgangskoeffizienten im befoulten und sauberen Zustand ausgedrückt:

$$R_f = \frac{1}{k_f} - \frac{1}{k_0} = \frac{A_f \Delta T_{M,f}}{\dot{Q}_f} - \frac{A_0 \Delta T_{M,0}}{\dot{Q}_0} = \frac{1}{\alpha_{2,f}} + \frac{x_f}{\lambda_f} - \frac{1}{\alpha_{2,0}} \tag{2.32}$$

Gemäß Gl. (2.31) kann der Foulingwiderstand in Gl. (2.32) durch die Differenz der entsprechenden Einzelwiderstände beschrieben werden. Der Foulingwiderstand gilt dabei nur für eine homogene Foulingschicht mit der Höhe x_f, wie in Abb. 2.8 dargestellt. Im Umkehrschluss ist der Wärmedurchgangswiderstand im befoulten Zustand gleich der Summe aus Foulingwiderstand und Wärmedurchgangswiderstand im sauberen Zustand:

$$\frac{1}{k_f} = \frac{1}{k_0} + R_f = \frac{A_f \Delta T_{M,f}}{\dot{Q}_f} \tag{2.33}$$

An dieser Stelle beginnt eine detaillierte Prädiktion des Wärmedurchgangs unter Einfluss von Fouling komplex zu werden. Aufgrund der oben erklärten Foulingstadien ändern sich die Einzelwiderstände in Gl. (2.32) mit Foulingeinfluss (α_f und x_f/λ_f) und die Wärmeübertragungsfläche mit der Zeit und nehmen Einfluss auf die Temperaturen und den Wärmestrom gemäß Gl. (2.33). Insbesondere beim Kristallisationsfouling (Kap. 2.1) kann somit der Foulingwiderstand als die globale Auswirkung von Keimbildung, Wachstum, Haftung und Abtragung angesehen werden. Die meisten Studien im Fouling adressieren diese Zusammenhänge bezogen auf den Foulingwiderstand nur vereinzelt und somit bleibt die Berechnung der frühen zeitlichen Entwicklung ungelöst. Die Bestimmung des thermischen Foulingwiderstandes erfolgt in der Regel über Temperaturmessungen auf beiden Seiten des Wärmeübertragers und ergänzend oftmals auch in der Wärmeübertragerwand. Der Ort der Temperaturmessung entscheidet darüber, ob der Foulingwiderstand lokal oder global bestimmt wird. Für die meisten Wärmeübertrager muss die Annahme getroffen werden, dass die unverschmutzte Wärmeübertragerfläche zu Beginn A_0 für die Wärmeübertragung wirksam ist, da die verschmutzte Wärmeübertragungsfläche A_f unbekannt ist und somit der technisch interessantere Fall der globale thermische Foulingwiderstand ist. Der thermische Foulingwiderstand ist bei Kenntnis des Wärmestromes und der mittleren Temperaturdifferenz gemäß Gl. (2.30), die auf die saubere Gesamtfläche bezogene Änderung der Wärmedurchgangszahl ~ $\Delta(kA)^{-1}$:

$$R_f = \frac{A_0}{\Delta(kA)} = A_0\left(\frac{1}{(kA)_f} - \frac{1}{(kA)_0}\right) \tag{2.34}$$

Der thermische Foulingwiderstand wird daher in der Praxis zur Bestimmung einer größeren Wärmeübertragungsfläche A_f bei Fouling durch Einsetzten in Gl. (2.33) bei der geforderten mittleren Temperaturdifferenz und dem entsprechenden Wärmestrom verwendet. Für eine konstante Wärmeübertragungsfläche ($A_0 = A_f = const.$) geht Gl. (2.34) in Gl. (2.32) über. In Abb. 2.9 sind mögliche zeitliche Verläufe des thermischen Foulingwiderstandes dargestellt.

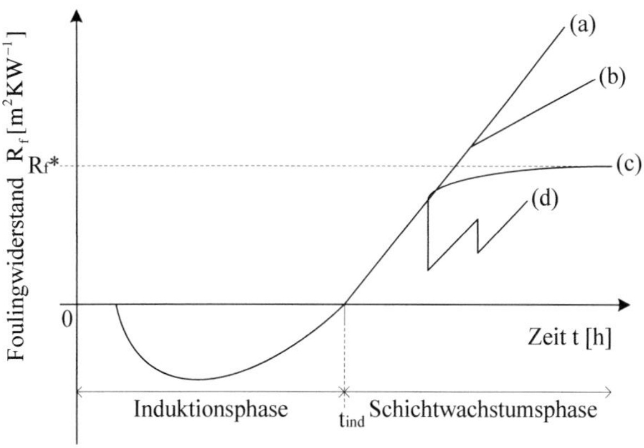

Abb. 2.9 Typische Verläufe des thermischen Foulingwiderstandes: (a) linear steigend, (b) fallend, (c) asymptotisch, (d) sägezahnartig

Aus Abb. 2.9 wird ersichtlich, dass mindestens zwei aufeinanderfolgende Phasen in der Entwicklung des thermischen Foulingwiderstandes unterschieden werden können: die Induktionsphase und die Schichtwachstumsphase. Der Kurvenverlauf ist nach Gl. (2.33) immer analog zum Temperaturverlauf in Abb. 2.8. Anders als in der Schichtwachstumsphase nimmt der Foulingwiderstand während der Induktionsphase keine positiven Werte an. Der Wärmedurchgang wird in dieser Phase durch das Fouling nicht reduziert, teilweise sogar verbessert – in Abb. 2.9 durch negative Werte für den thermischen Foulingwiderstand sichtbar. Die oben erläuterte Initialisierung ist, sofern diese messtechnisch detektierbar ist, in jedem Fall Teil der Induktionsphase. In der Schichtwachstumsphase können vier unterschiedliche Verläufe beobachtet werden, die die Einflüsse von Ablagerung und Abtragung an Foulingmasse (vgl. Abb. 2.7) reflektieren. Der Kurvenverlauf in Abb. 2.9 (a) zeigt lineares Wachstum des Belages ohne Abtrag; in Abb. 2.9 (b) nimmt der Abtrag Einfluss auf die Ablagerung, sodass der Anstieg des Foulingwiderstandes langsamer verläuft; in Abb. 2.9 (c) stellt sich nach einer bestimmten Zeit ein Gleichgewicht von Ablagerung und Abtragung ein – der Foulingwiderstand nähert sich einem asymptotischen Wert R_f^*; in Abb. 2.9 (d) kommt es zu einem plötzlichen Abtrag großer Belagstücke und anschließend zu einem Wiederanstieg der Ablagerung mit ähnlicher Steigung. Entgegen einem mechanischen Abtrag, wie in Kap. 2.1.4 beschrieben, kann es auch zu einer Autoretardation des Kristallwachstums kommen und die Verläufe in Abb. 2.9 (b) und (c) verursachen. Dies ist vor allem dann der Fall, wenn die Foulingschicht stark thermisch isoliert und in der Folge die Übersättigung an der Schicht abnimmt. An dieser Stelle sei vorweggenommen, dass ein Abtrag erst ab einer bestimmten Größe messtechnisch im thermischen Foulingwiderstand sichtbar wird. Nähere Erläuterungen erfolgen in Kapitel 4.2.3. In den Kapiteln 2.3 und 2.4 werden die Einflüsse der Masse sowie des Druckverlustes [*Albert, 2010*] auf den Foulingwiderstand erörtert.

2.2.1 Induktionsphase

Die Motivation zur Aufklärung bzw. Berechnung der Induktionsphase hat mehrere Gründe: allgemein wird die Induktionsphase als Zeitraum angesehen, in dem das Fouling die Leistung des Wärmeübertragers noch nicht signifikant reduziert hat. Eine abschätzende Berechnung der Induktionsphase kann somit helfen, entsprechende Prozesse zu optimieren. Das Wissen über die Wirkmechanismen in der Induktionsphase kann helfen, letztere bei der Entwicklung von Wärmeübertragern zu maximieren. Zudem nimmt der Verlauf der Induktionsphase Einfluss auf die Entwicklung der Schichtwachstumsphase.

Für die Induktionsphase gibt es verschiedene Definitionen in Abhängigkeit des Verlaufs des Foulingwiderstandes. Vor allem beim Kristallisationsfouling können sich, entsprechend der Betriebsbedingungen, sehr unterschiedliche Verläufe des Foulingwiderstandes zu Beginn entwickeln. Im Gegensatz dazu wird beim Partikelfouling selten eine Induktionsphase beobachtet [*Bott, 1995*]. Allen Definitionen gemein ist, dass sich während der Induktionsphase der Wärmedurchgang bezogen auf den sauberen Zustand nicht reduziert. In einigen Fällen wird die Induktionsphase, entsprechend eines unveränderten Verlaufs des Foulingwiderstandes zu Beginn (s. Abb. 2.10), als der Zeitraum definiert, der vergeht, bis der Foulingwiderstand von Null abweicht – es gilt: $R_f = 0\ m^2\ K\ W^{-1}$. Bezogen auf das Kristallisationsfouling wird diese Phase oft als Keimbildungs- oder Initialisierungsphase angenommen. Das Ende der Initialisierungsphase wird mit t_{ini} bezeichnet; es gilt: $t_{ini} \leq t_{ind}$. Es wird weiterhin davon ausgegangen, dass mögliche negative Foulingwiderstände zwar messtechnisch durch abnehmende Wandtemperaturen erfasst werden, diese allerdings lediglich eine Fraktion des tatsächlichen Foulingwiderstandes darstellen, da die zunehmende Rauheit der Wärmeübertragungsoberfläche ($A_f > A_0$) aufgrund der Ablagerung in dieser Darstellung, bzw. in Gl. (2.32), nicht berücksichtigt wird. Dieses Phänomen wird in Kap. 2.4 noch ausführlicher unter dem Begriff Grenzflächeneffekte diskutiert. An dieser Stelle muss jedoch angemerkt werden, dass diese Definition aus zweierlei Gründen zu Verwirrung aus technischer Sicht führen kann: In vielen Fällen werden keine Null-Werte für den Foulingwiderstand gemessen, vielmehr stellen sich gleich zu Beginn negative Werte ein, was eine Verbesserung des Wärmeübergangs anhand von Temperaturmessung anzeigt. Diese Verbesserung resultiert in der Regel aus einem erhöhten Wärmeübergangskoeffizienten α_f aufgrund von Rauheits- und Einschnüreffekten auf die Strömung [*Crittenden, 1988; Albert, 2011*]. Die Wärmeübertragungsleistung hat sich in diesem Stadium allerdings noch nicht verschlechter sondern vielmehr sogar verbessert. In einigen Fällen wurde ein Anstieg des Druckverlustes in dieser Phase gemessen. Eine Definition für die Induktionsphase in Abhängigkeit vom Druckverlust muss aus technischer Sicht nur in Erwägung gezogen werden, wenn der Druckverlust, wie bei Mikro- und Kompaktwärmeübertragern, schon während negativer thermischer Foulingwiderstände stark ansteigt. Ein weiterer Grund, warum die oben erwähnte Definition zu Missverständnissen führen kann ist, dass vor allem beim Kristallisationsfouling die Initiationsphase bei zunehmender

Strömungsgeschwindigkeit abnehmen kann [Rizzo, 2008]. Dies steht konträr zum allgemeinen Verständnis, dass das Fouling bei höheren Strömungsgeschwindigkeiten reduziert ist und zu längeren Induktionszeiten führt.

Eine erweiterte Definition, die aus den oben genannten Gründen als Grundlage der vorliegenden Arbeit dienen soll, besagt, dass die Induktionsphase des thermischen Foulingwiderstandes der Zeitraum ist, der, ausgehend vom sauberen Ausgangszustand des Wärmeübertragers, vergeht bis der Wärmedurchgang signifikant verschlechter wird. Das Ende der Induktionsphase, die Induktionszeit t_{ind}, ist der Zeitpunkt ab dem sich der Wärmedurchgang thermisch verschlechtert. Für den thermischen Foulingwiderstand gilt, dass dieser kleiner oder gleich Null sein muss ($R_f \leq 0$ m^2 K W^{-1}) [*Geddert, 2009a*]. Es ist also aus technischer Sicht bestenfalls eine Erhöhung des Wärmedurchgangs zulässig.

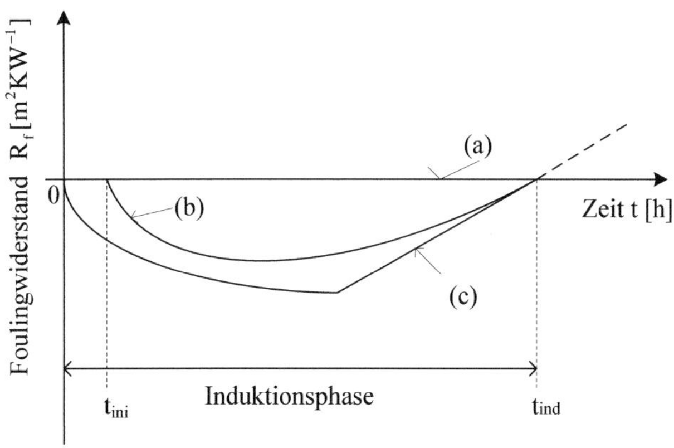

Abb. 2.10 Verschiedene Verläufe des thermischen Foulingwiderstandes ($A_0 = A_f =$ const.) während der Induktionsphase: (a) Initialisierungsphase ($t_{ini} = t_{ind}$), (b) Initialisierungsphase gefolgt von rauheitskontrollierter Phase ($t_{ini} < t_{ind}$), (c) rauheitskontrollierte Phase ($t_{ini} = 0$ h)

Aus Abb. 2.10 wird ersichtlich, dass sich die Induktionsphase in vielen Fällen nochmals in mindestens zwei Phasen unterteilen lässt: Die Initialisierungsphase und die rauheitskontrollierte Phase. Inwiefern die Initialisierungsphase mit der oben beschriebenen Erläuterung übereinstimmt und welche Effekte die rauheitskontrollierte Phase dominieren, wird in Kapitel 5.2.3 diskutiert. Ein Vergleich von Abb. 2.10 mit Abb. 2.7 zeigt, dass es auch schon während der Induktionsphase zu Bildung von Foulingmasse auf der Wärmeübertrageroberfläche kommen kann. Wie bereits erwähnt, nehmen verschiedene Faktoren Einfluss auf die Entwicklung der Induktionsphase. In einigen Arbeiten [*Förster, 2001; Geddert, 2009a; Albert, 2010*] wurden folgende Einflussparameter identifiziert:

- Oberflächentemperatur,
- Konzentration,
- Strömungsgeschwindigkeit sowie
- Oberflächenrauheit und
- freie Oberflächenenergie.

Neben diesen fünf Haupteinflüssen wurden auch Einflüsse von Additiven [Müller-Steinhagen, 2006], der Art der Strömung [*Geddert, 2009*], der elektrostatischen Wechselwirkungen beispielsweise in Form des Zetapotentials und der Partikelladung sowie der Kohäsion und Adhäsion [*Förster, 2001*] gefunden. Je nach Systembedingungen, vor allem aber bei hohen Strömungsgeschwindigkeiten und geringer Adhäsionsneigung, kann das System in der Induktionsphase verharren und die Induktionszeit wird nicht erreicht. Abbildung 2.11 zeigt Ablagerungen während der Induktionsphase auf einer unbeschichteten und beschichteten Edelstahloberfläche.

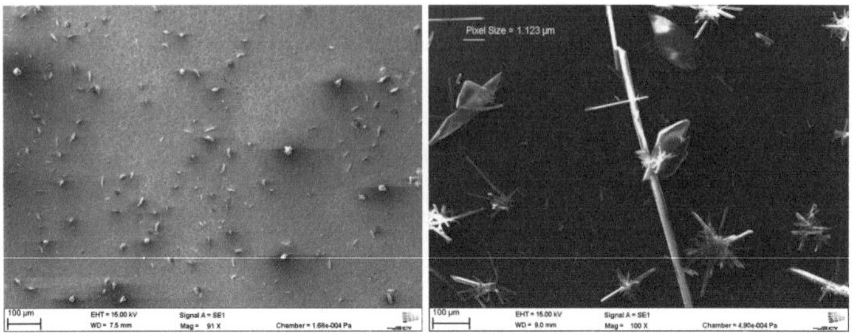

(a) (b)

Abb. 2.11 Kristallisationsfouling während der Induktionsphase: (a) $CaCO_3$-Fouling auf einer Edelstahloberfläche und (b) $CaSO_4$-Fouling auf einer amorphen Kohlenstoffbeschichtung (DLC)

2.2.2 Modellvorstellung der Induktionsphase

Eine Modellierung der Induktionsphase speziell beim Kristallisationsfouling in Abhängigkeit der bekannten Einflussfaktoren ist bisher nicht möglich. Die Komplexität des Foulingprozesses und die teilweise bruchstückhafte Überführung experimenteller Ergebnisse in mathematische Modelle erschwert eine detaillierte holistische Modellierung der Induktionsphase. Im Folgenden werden Modellvorstellungen näher vorgestellt, die im Hinblick auf die Modellierung, die in dieser Arbeit präsentiert wird, einführende Erklärungen liefern. Die folgenden vier Modellvorstellungen nehmen der Reihe nach in ihrer Komplexität bzw. der berücksichtigten Einflussparameter zu.

Eine gängige Modellvorstellung [*Gilron, 1987; Rizzo, 2005*] für die Induktionszeit beim Kristallisationsfouling korreliert die Initialisierungszeit der Induktionsphase (Abb. 2.10 (a)) mit dem Faktor $\Phi \ln(10^{SI})^{-2}$ aus dem Arrhenius-Ansatz für die heterogene Keimbildungsrate gemäß Gl. (2.6). Die Bestimmung des Korrekturfaktors nach Gl. (2.5) ist für Keime bislang nicht möglich, es wird daher häufig auf den Wasserkontaktwinkel auf der Oberfläche zurückgegriffen. Es wird bei diesem Modell eine Geradengleichung durch die Auftragung von $\ln(t_{ind})$ über $\Phi \ln(10^{SI})^{-2}$ zur überschlägigen Berechnung erhalten. Generell nimmt die Dauer der Induktionsphase dabei mit zunehmendem Sättigungsindex ab. Dieses Modell hat den Nachteil, dass es außer dem Sättigungsindex keine weiteren Einflussparameter berücksichtigt und entsprechend experimentell validiert werden muss.

Das Induktionszeitmodell von Yang [*Yang, 2012*] bedient sich einer Funktion in Abhängigkeit des Bedeckungsgrades zur Beschreibung der Induktionszeit für den Foulingwiderstand. Der Bedeckungsgrad ist das Verhältnis der durch das Fouling bedeckten Fläche zur sauberen Fläche:

$$\theta = \frac{A_{bed}}{A_0} \tag{2.35}$$

Der Bedeckungsgrad der Wärmeübertrageroberfläche mit Fouling wird hierbei als (Perkolations-) Schwellenwert für die Reduzierung des Wärmedurchgangs betrachtet. Yang setzte diesen

Schwellenwert auf $\theta = 0{,}5$ ohne jedoch diesen experimentell zu bestimmen. Temperatureffekte werden mit Hilfe der Arrhenius-Gleichung (Gl. (2.9)) im Modellansatz berücksichtigt:

$$\ln(t_{ind}) = \ln(\ln c) - \ln(k_{R0}) - \frac{-E_A}{\Re T} \tag{2.36}$$

Der Modellparameter c ergibt sich aus einer entsprechenden Sigmoidal-Funktion des zeitlichen Verlaufs des Bedeckungsgrades. Das Modell beinhaltet außer der Temperatur allerdings keine weiteren Einflussparameter, wie die Adhäsionskraft, die Oberflächenrauheit, die Strömungsgeschwindigkeit und die Konzentration und muss für jeden Foulingprozess individuell angepasst werden.

Geddert [*Geddert, 2009a*] formulierte ein Modell zur Abschätzung der Induktionszeit für $CaSO_4$-Fouling ohne Abtrag ($m_r = 0$ kg m^{-2}) in Abhängigkeit vom Sättigungsindex SI aus Gl. (2.1) und den Oberflächeneigenschaften. Der polare Anteil der freien Oberflächenenergie $\gamma_{s,pol}$ der Wärmeübertrageroberfläche sowie die Oberflächentopographiewerte der mittleren Rautiefe R_z sowie die prozentuale Oberflächenvergrößerung S_{dr} werden im Faktor $1/K_{RE}$ zusammengefasst ($1/K_{RE} = \gamma_{s,pol}/(R_z S_{dr})$). Der Einfluss des Sättigungsindex konnte mit einem Polynom zweiten Grades K(SI) beschrieben werden [*Geddert, 2009a*]. Zusammengefasst wurde folgender Ansatz formuliert:

$$t_{ind} = (2{,}34 \log_{10}(K_{RE}) + 3{,}92) K(SI) \tag{2.37}$$

Geddert [*Geddert, 2009b; Geddert, 2009c*] bestätigte den Einfluss des Sättigungsindex auf die Induktionszeit und konnte zeigen, dass amorphe Kohlenstoffbeschichtungen auf DLC-Basis mit hohem polaren Anteil der freien Oberflächenenergie auf die Induktionszeit verlängernd wirken. Dabei werden antiadhäsive Eigenschaften als Ursache angenommen.

Ein umfangreiches Modell wurde von Förster [*Förster, 2001*] entwickelt, welches einerseits die Abtragung aus Kap. 2.1.4 und andererseits die Oberflächeneigenschaften mit Hilfe eines Benetzungs- und Konturparameters in Analogie zu den oben vorgestellten Ansätzen versucht zu berücksichtigen. Der Hauptansatz in Gl. (2.38) gewichtet die reziproke Massenbilanz unter Verwendung einer Abtragwahrscheinlichkeit mit einem Vorfaktor k_{II}:

$$t_{ind} = k_{II} \frac{1}{\dot{m}_d (1 - \Gamma)} \tag{2.38}$$

Die Modellvorstellung geht dabei von einem rein linearen Zusammenhang aus und berücksichtigt in der Folge dynamisches Verhalten einzelner Modellparameter nicht. Dies führt schließlich dazu, dass in dem Modell eine untere Induktionszeit ($t_{ind,u} = 6{,}4$ h) zugrunde gelegt wird, die allerdings nur dem Referenzsystem und den zugehörigen Messungen zugeordnet werden kann. In vielen Fällen liegen Induktionszeiten unterhalb dieses Wertes. Dabei nimmt in dieser Modellvorstellung die Induktionszeit, wie bei Geddert, mit zunehmender Oberflächenzerklüftung ab. Mit zunehmenden antiadhäsiven Eigenschaften der Oberfläche nimmt die Induktionszeit hingegen zu.

Aus den hier beschriebenen vier Modellvorstellungen geht hervor, dass die ganzheitliche Modellierung der Induktionszeit (i) komplex und nicht linear ist, (ii) in der Folge dynamisch betrachtet werden muss, (iii) eine geeignete Definition eines Schwellenwertes gefunden werden muss und (iv) alle Einflussparameter und grundlegenden Mechanismen berücksichtigt und in physikalisch sinnvollen Zusammenhang gestellt werden müssen. In Kap. 5 werden die Mechanismen, die im Zusammenwirken zur Induktionszeit führen können, analysiert und eine entsprechende mechanistische Modellierung unter Berücksichtigung dynamischen Verhaltens ausführlich erklärt.

2.2.3 Schichtwachstumsphase

In der Schichtwachstumsphase bildet sich eine zusammenhängende Foulingschicht, die die Wärmeübertrageroberfläche komplett bedecken kann. Während in der Induktionsphase vor allem noch Einzelkristalle auf der Wärmeübertrageroberfläche vorliegen, bilden diese in der Schichtwachstumsphase vermehrt Aggregate bzw. wachsen zusammen. Bezogen auf den thermischen Foulingwiderstand tritt hierbei eine Verschlechterung des Wärmedurchgangs in Form eines vergrößerten Temperaturgradienten in Gl. (2.33) bezogen auf den Temperaturgradienten im sauberen Zustand auf. Die möglichen Verläufe des thermischen Foulingwiderstandes sind in Abb. 2.9 (Kap. 2.2.1) dargestellt. In vielen Fällen wird in der Schichtwachstumsphase ein asymptotischer Endwert erreicht, der dann zur Auslegung von Wärmeübertragern in die Wärmeübertragungsfläche bzw. in die Anzahl der Übertragungseinheiten additiv gemäß Gl. (2.33) hinzugerechnet wird.

Das Erreichen eines asymptotischen Endwertes des Foulingwiderstandes aus Abb. 2.9 kann verschiedene Ursachen haben: 1. Autoretardation des Kristallwachstums durch Senkung der Oberflächentemperatur bzw. durch die isolierende Wirkung der Kristallablagerungen. 2. Stationäres Gleichgewicht zwischen Ablagerung und Abtragung gemäß Gl. (2.25). 3. Abnahme des Kristallwachstums durch Konzentrationsabnahme der schichtbildenden Ionen bzw. Ionenverarmung in geschlossenen Systemen [*Geddert, 2009a*]. Charakteristisch für asymptotische Verläufe ist der Wendepunkt im Verlauf des thermischen Foulingwiderstandes. Studien an berippten Rohren [*Augustin, 1995*] haben dabei ergeben, dass bei Erreichen des Wendepunktes die berippten Rohre nahezu zugewachsen waren und sich eine komplette Schicht bildete.

Die Foulingschicht in der Schichtwachstumsphase setzt sich aus einem Gefüge von Kristallen und ein flüssigkeitsgefülltem Hohlraumanteil κ zusammen [*Hirsch, 1996a*]. Die Dichte einer solchen porösen Foulingschicht muss dementsprechend angepasst werden:

$$\rho_f = (1-\kappa)\rho_c + \kappa\rho_l \qquad (2.39)$$

In Abb. 2.12 ist Kristallisationsfouling von Gips in der Schichtwachstumsphase dargestellt.

Abb. 2.12 Kristallisationsfouling von Gips in der Schichtwachstumsphase

2.3 Massebasierter Foulingwiderstand

Der Foulingwiderstand kann mit einer Massenbilanz nach Gl. (2.25) beschrieben werden. Nach Bohnet [*Bohnet, 1985*] kann der Foulingwiderstand mit der Foulingmasse pro Flächeneinheit korreliert werden:

$$R_f = \frac{m_f}{\rho_f \lambda_f} \cong \frac{x_f}{\lambda_f} \tag{2.40}$$

Für die Korrelation mit der Schichtdicke x_f wird ein Isomorphismus bzw. eine Gleichverteilung der Masse angenommen. Für eine homogene Foulingschicht kann die Schichthöhe aus Gl. (2.40) abgeschätzt werden. Die zeitliche Ableitung liefert den Zusammenhang mit der Massenbilanz gemäß Gl. (2.25) und Einsetzen von Gl. (2.27):

$$\frac{dR_f}{dt} = \frac{1}{\rho_f \lambda_f}\left[\dot{m}_d - \dot{m}_r\right] = \frac{1}{\rho_f \lambda_f}\left[\dot{m}_d - k_I \left(\frac{\eta g}{\rho}\right)^{1/3} \frac{\rho_f}{H_f} \tau_w\right] \tag{2.41}$$

Durch Integration erhält man schließlich folgende Gleichung für die zeitliche Entwicklung des Foulingwiderstands in der Schichtwachstumsphase ($t > t_{ind}$) gemäß Abb. 2.9 (c):

$$R_f = R_f^* \left[1 - \exp\left(-k_{III}\left(t - t_{ind}\right)\right)\right] \tag{2.42}$$

Dieser massebasierter Foulingwiderstand gilt nur für Zeiten größer als die Induktionszeit ($t > t_{ind}$), bzw. nach Abb. 2.9 nur für die Schichtwachstumsphase. Der massebasierte Foulingwiderstand kann, wie im nächsten Kapitel erklärt wird, mit dem Druckverlust korreliert werden.

2.4 Druckverlust

Wie eingangs erklärt, führt das Fouling immer auch zu einem Anstieg des Druckverlustes und damit zu einer Verschlechterung der Leistung des Wärmeübertragers. Mit der Bildung von signifikantem Kristallwachstum steigt der Druckverlust. Dabei kommt es durch die aufwachsenden Kristalle zu einer vergrößerten Rauheit der Wärmeübertrageroberfläche und in der Folge zu Rauheits- und Einschnüreffekten [*Albert, 2011*] auf die Fluidströmung. Im weiteren Verlauf des Kristallisationsfoulings kommt es zudem zu einer Querschnittverengung des Strömungsquerschnitts und folglich zu einer Abnahme des hydraulischen Durchmessers sowie in der Regel zu einer Zunahme der Strömungsgeschwindigkeit. Rauheitseffekte und Querschnittsverengung führen zu einem Anstieg des Druckverlustes mit der Zeit (Abb. 2.13). Nach Albert [*Albert, 2011*] steigt der Druckverlust gemäß Gl. (2.43) unmittelbar nach der Initialisierungsphase bzw. mit Beginn der rauheitskontrollierten Phase in der Induktionsphase des thermischen Foulingwiderstandes.

$$\Delta p = \xi \frac{L}{d_i} \frac{\rho w^2}{2} \tag{2.43}$$

Wie in Kap. 2.2.1 beschrieben, kommt es in der rauheitskontrollierten Phase zu einer Erhöhung des fluiden Wärmeübergangs bzw. des Wärmeübergangskoeffizienten. Nach Albert ist die Erhöhung des Wärmeübergangskoeffizienten proportional zum Verhältnis der Widerstandskoeffizienten ξ im befoulten und sauberen Zustand:

$$\alpha_f(t) \propto \frac{\xi_f(t)}{\xi_0}\alpha_0 \tag{2.44}$$

Für den Wärmeübergang an rauen Oberflächen bzw. Rohren existieren verschiedene Ansätze zur Berechnung der Nusselt-Zahl in Abhängigkeit vom Widerstandskoeffizient [*Albert, 2010; VDI-Wärmeatlas, 2006*]. Die aufwachsende Kristallschicht kann dabei mit einer Sandrauigkeit k_s verglichen werden und für turbulente Strömung allgemein abgeschätzt werden [*VDI-Wärmeatlas, 2006*]:

$$\frac{1}{\sqrt{\xi}} = -2\log\left(\frac{k_s/d_i}{3{,}71} + \frac{2{,}51}{Re\sqrt{\xi}}\right) \tag{2.45}$$

Als Maß für den Einfluss der Oberflächenrauheit auf den Wärmeübergang dient die Rauheitskennzahl k^+ in Anhängigkeit der Dicke der laminaren Unterschicht δ_{lam}:

$$k^+ = \frac{k_s}{\delta_{lam}} \tag{2.46}$$

Bis zu einer Rauheitskennzahl von $k^+ < 5$ liegt hydraulisch glattes Verhalten vor, ab Werten darüber nimmt der Einfluss der Rauheit zu und ab $k^+ \geq 70$ liegt eine vollständig ausgebildete Rauheitsströmung vor [*Albert, 2010*].

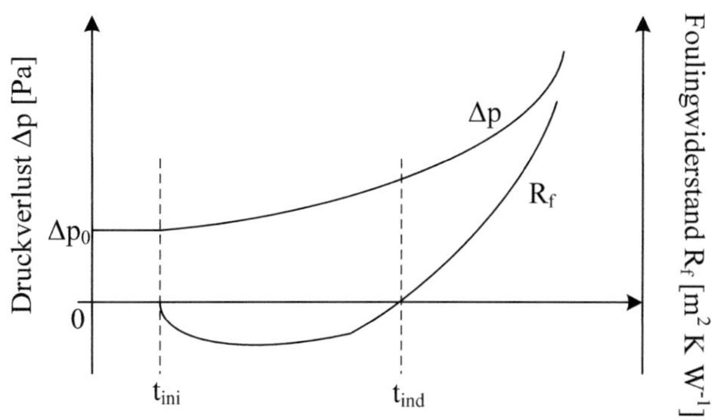

Abb. 2.13 Druckverlust und thermischer Foulingwiderstand über der Zeit

3 Experimentelle Verfahrensweisen

Für die Validierung der Modellierung wurden experimentelle Untersuchungen angestellt, um das Kristallisationsfouling messtechnisch zu erfassen. Es wurden dazu mikroskopische und makroskopische Untersuchungen des Kristallisationsfoulings unternommen. Bei letzteren wurde mit Hilfe von Versuchsanlagen die thermische Entwicklung bei der kristallinen Belagbildung unter Variation der Einflussparameter detektiert und der thermische Foulingwiderstand bestimmt. Das Kristallwachstum wurde mikroskopisch mittels Rasterkraftmikroskopie sowie makroskopisch mittels Gravimetrie gemessen. Mit Hilfe einer neuartigen Methode wurde die Haftung von Einzelkristallen auf unterschiedlichen Oberflächen mikroskopisch erfasst. Eine erforderliche Oberflächenanalytik zur Bestimmung der Oberflächenparameter wurde ebenfalls durchgeführt.

3.1 Verwendete Versuchsanlagen

Es wurden drei verschiedene Versuchsanlagen verwendet, die im Folgenden erläutert werden. In allen Versuchsanlagen wurden Foulingversuche mit $CaCO_3$ bzw. $CaSO_4$, die im nachfolgenden Kapitel erläutert werden, durchgeführt. Die Versuchsanlagen 1 – 3 sind in den Abbn. 3.1 – 3.3 als Fließbilder dargestellt. Der Aufbau der Anlagen war prinzipiell gleich: Aus einem Vorlagebehälter wurde die Lösung durch einen von der Unterseite elektrisch beheizten Strömungskanal gepumpt. In den Versuchsanlagen 1 und 2 wurde jeweils eine Versuchsplatte durch Haltebacken fixiert; in Anlage 3 wurden zwei Versuchsplatten auf eine im Strömungskanal zentrierte Heizpatrone mit Senkschrauben befestigt. In allen Fällen wurden die Platten von der Unterseite bei konstantem Wärmestrom ($\dot{Q}$ = const.) beheizt. Die Wandtemperatur und der entsprechende Wärmestrom wurden in allen Anlagen mit Hilfe eines Transformators und der Durchflussregelung eingestellt. In den Versuchsanlagen 1 und 3 wurde die Salzlösung zurück in den Vorlagenbehälter geführt. Messtechnisch erfasst wurden dabei Eintritt- und Austrittstemperaturen sowie die Temperatur an zwei Stellen direkt unterhalb der Versuchsplatte im Strömungskanal. Die Temperaturen wurden in allen Anlagen mit einem Datenlogger (Agilent) aufgezeichnet und in einem Computer gespeichert. Weitere Informationen zu den Versuchsanlagen 1 und 2 sind [*Geddert, 2009a*] und zu Versuchsanlage 3 [*Förster, 2001*] zu entnehmen.

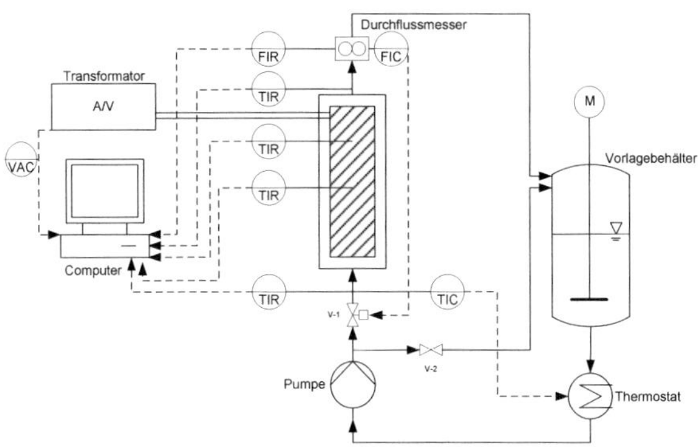

Abb. 3.1 Versuchsanlage 1

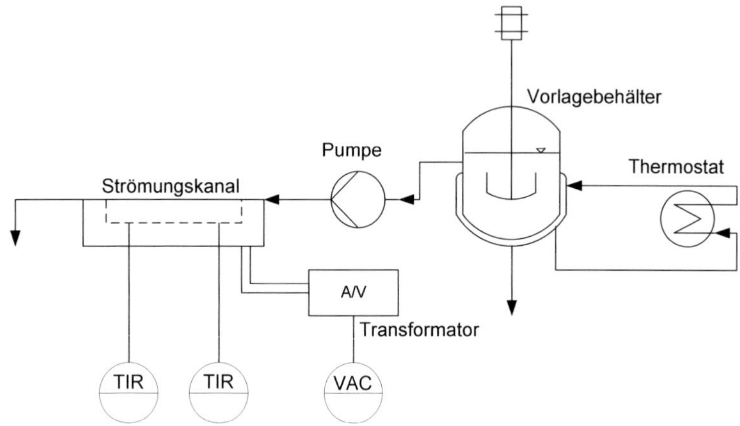

Abb. 3.2 Versuchsanlage 2

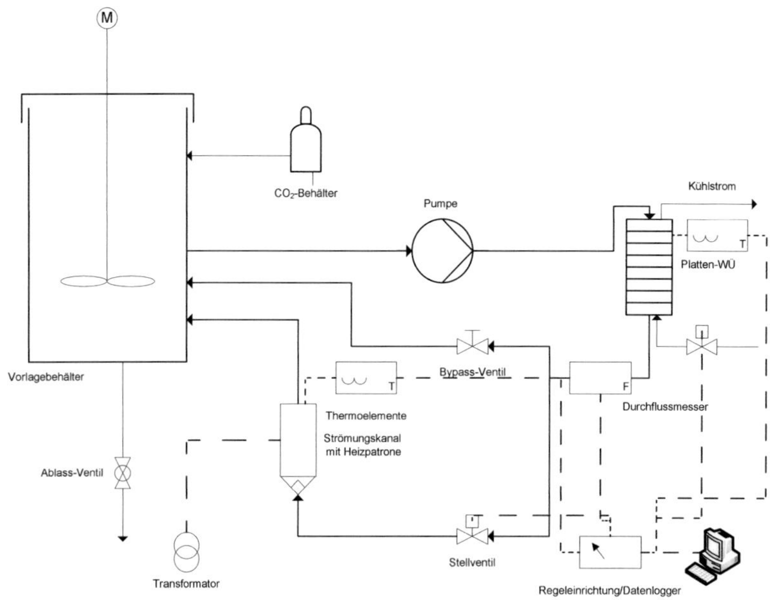

Abb. 3.3 Versuchsanlage 3

Die entsprechenden Betriebsparameter sowie Anlagenkomponenten sind Tabelle 3.1 zu entnehmen.

Tabelle 3.1 Betriebsparameter und Anlagenkomponenten

Symbol (Einheit)	Bezeichnung	Anlage 1	Anlage 2	Anlage 3
A_0 [m^2]	Wärmeübertragungsfläche	0,00144	0,00144	0,033
d_h [m]	Hydraulischer Durchmesser	0,016	0,016	0,016
w [$m\ s^{-1}$]	Strömungsgeschwindigkeit	0,05 – 0,2	0,002	0,1 – 0,25
$\dot{V}$ [$m^3\ h^{-1}$]	Volumenstrom	0,05 – 0,2	$7{,}2 \cdot 10^{-4}$	0,72 – 1,44
Re [-]	Reynolds-Zahl	1300 – 5300	43	2600 – 5100
$\dot{Q}$ [W]	Wärmestrom	200 – 500	50	850 – 1120
$\dot{q}$ [$kW\ m^{-2}$]	Wärmestromdichte	139 – 347	35	26 – 34
T_2 [°C]	Bulktemperatur	25; 42	25; 42	25; 42
$T_{w,0}$ [°C]	Wandtemperatur	75 – 85	55 – 90	75 – 100
b x l x h [mm]	Abmaße Versuchsplatte(n)	20 x 80 x 2	20 x 80 x 2	100 x 80 x 2
-	Heizpatrone	Türck-Hillinger HLP10, 400 W	Türck-Hillinger HLP10, 400 W	Philips SEI CFG 20
-	Pumpe	Verder V-MD 30	EHEIM 1046	KSB GMID

3.2 Foulingversuche

Für die Foulingversuche in den oben beschriebenen Versuchsanlagen wurden entsprechende Salzlösungen hergestellt, wobei die Anfangsübersättigung sowohl in der Lösung als auch an der Wärmeübertrageroberfläche mit Hilfe des Sättigungsindex nach Gl. (2.1) berechnet wurde. Der Sättigungsindex wurde mit dem Programm PHREEQC (U.S. Geological Survey) [*Parkhurst, 2012*] berechnet. Die Aktivität einer Ionensorte a_i in Gl. (2.1) lässt sich aus dem Produkt der Konzentration C_i sowie eines entsprechenden Aktivitätskoeffizienten f_i berechnen:

$$a_i = f_i C_i \tag{3.1}$$

Die Aktivitätskoeffizienten wurden von dem Programm [*Parkhurst, 2012*] mit Hilfe der Debye-Hückel-Beziehung berechnet:

$$\ln(f_i) = -\frac{A z_i^2 \sqrt{I}}{1 + B r_i \sqrt{I}} \tag{3.2}$$

Hierin ist I die Ionenstärke, z_i die Ladungszahl und r_i der Ionenradius; A und B sind temperaturabhängige Koeffizienten.

In Abb. 3.4 (a) sind die mit dem Programm berechneten Sättigungsindizes der verschiedenen Kristallsysteme über der Temperatur bei einem pH von 7 und bei unterschiedlichen Konzentrationen dargestellt. Die untersuchten Kristallsysteme weisen ein inverses Löslichkeitsverhalten auf, das heißt die Löslichkeit nimmt mit steigender Temperatur ab bzw. der Sättigungsindex steigt an. Für Gips existiert ein Löslichkeitsmaximum bei ca. 42 °C und für Anhydrit bei ca. 22 °C [*Höfling, 2004*]. Im Fall von $CaCO_3$ ist die Löslichkeit stark vom pH abhängig. In Abb. 3.4 (b) ist der Sättigungsindex von Calcit für eine Konzentration von 5 mmol L^{-1} bei 25, 50 und 100 °C über dem pH dargestellt. Die Konzentrationen 5 mmol L^{-1} für das Stoffsystem $CaCO_3$ und 22 mmol L^{-1} für das Stoffsystem $CaSO_4$ gelten dabei für alle Calcium- und Kohlenstoffionen bzw. für alle Calcium- und Schwefelionen.

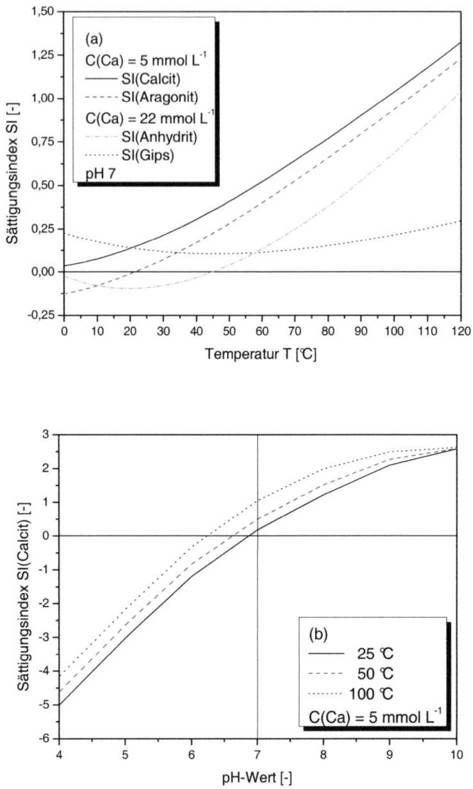

Abb. 3.4 (a) Sättigungsindizes verschiedener Kristallsysteme von $CaCO_3$ und $CaSO_4$ über der Temperatur bei pH 7, (b) Sättigungsindices von Calcit über dem pH für verschiedene Temperaturen.

Für die Versuche mit $CaCO_3$ und $CaSO_4$ wurden jeweils verschiedene Salze verwendet und unterschiedliche Konzentrationen eingestellt. Die Lösungen waren jeweils nur leicht übersättigt, so dass das Kristallisationsfouling aufgrund der inversen Löslichkeit der beiden Stoffsysteme nur auf der heißen Wärmeübertrageroberfläche stattfand. Während der Versuche wurde in den Lösungsvorlagen keine Kristallbildung festgestellt. Für das Stoffsystem $CaSO_4$ wurden Calciumnitrat Tetrahydrat ($Ca(NO_3)_2 \cdot 4H_2O$, AppliChem) und Natriumsulfat (Na_2SO_4, Merck KGaA) in deionisiertem Wasser gelöst. Die Reaktionsgleichung zur Gipsbildung kann folgendermaßen formuliert werden:

$$Ca^{2+} + SO_4^{2-} + 2H_2O \leftrightarrow CaSO_4 \cdot 2H_2O(s) \tag{3.3}$$

Für das Stoffsystem $CaCO_3$ wurden Calciumsulfat Tetrahydrat und Natriumcarbonat (Na_2CO_3, Sigma-Aldrich) unter CO_2-Begasung ebenfalls in deionisiertem Wasser gelöst, da die Löslichkeit von Calciumcarbonat stark vom Kalk-Kohlensäure-Gleichgewicht abhängig ist [*Augustin, 1995*]:

$$CaCO_3(aq) + CO_2 + H_2O \leftrightarrow Ca(HCO_3)_2 \tag{3.4}$$

Anschließend wurde die Lösung für mindestens 12 h mit CO_2 weiterhin begast, um eine CO_2-Sättigung für den Versuchszeitraum zu gewährleisten. Kurz vor Versuchsbeginn wurde durch Zugabe von Natronlauge (NaOH) ein pH von 7 eingestellt. Die Bildung von Calciumcarbonat erfolgt nach folgendem Reaktionsgleichgewicht:

$$Ca^{2+} + CO_3^{2-} \leftrightarrow CaCO_3(s) \tag{3.5}$$

Während im Calciumsulfat-Stoffsystem hauptsächlich Ca^{2+} und SO_4^{2-}-Ionen sowie festes $CaSO_4$ vorliegen, sind im Calciumcarbonat-Stoffsystem neben $CaCO_3$ auch HCO_3^-, CO_2, $CaHCO_3^+$ und $NaHCO_3$ in signifikanten Konzentrationen zu finden.

In Tabelle 3.2 sind die eingestellten Bulkkonzentrationen sowie die berechneten Sättigungsindizes für Bulk SI_b und Wärmeübertrageroberfläche $SI(T_{w0})$ sowie die Klassifikation der Wasserhärte in Grad deutscher Härte °dH aufgelistet. Die Klassifizierung richtet sich nach der Konzentration der gelösten Erdalkaliionen, dabei gilt ab einem Härtegrad von 21,3 °dH das Wasser als sehr hart und somit als stark foulingverursachend (1 °dH ≙ 0,1783 mmol L^{-1}). Die verwendeten Lösungen für die Foulingversuche können nach [*U.S. Geological Survey, 2012*] als sehr hartes Wasser klassifiziert werden. Zum Vergleich liegt die durchschnittliche Wasserhärte in Niedersachsen bei 14,4 °dH [*Alfiltra, 2012*]. In Tabelle 3.2 ist zudem die Feststoffdichte ρ_c und die Wärmeleitfähigkeit λ_c der entsprechenden Kristalle angegeben [*Mineralienatlas, 2012*].

Tabelle 3.2 Bereiche der eingestellten Sättigungsindizes, Bulkkonzentrationen und Wasserhärtegrade sowie Feststoffdaten

Stoffsystem	$SI(T_{w,0})$ [-]	$SI(T_2)$ [-]	C_b [mmol L^{-1}]	°dH [-]	ρ_c [kg m^{-3}]	λ_c [W m^{-1} K^{-1}]
$CaSO_4$	0,1 – 0,26*	0,06 – 0,17*	20 – 27	112,2 – 140,2	2320	1,11
$CaCO_3$	0,48 – 0,9**	0,17**	5	28	2710	0,87

*Bezogen auf Gips.

**Bezogen auf Calcit.

Die Versuchsdauern lagen im Bereich von 10 min – 120 h. Dabei wurden entsprechende Versuchsplatten in die oben beschriebenen Strömungskanäle eingesetzt und elektrisch mittels Heizpatrone bei konstantem Wärmestrom beheizt. Die Temperatur der Vorlage wurde für das Stoffsystem $CaCO_3$ auf 25 °C und für das Stoffsystem $CaSO_4$ auf 42 °C gehalten. Nach Versuchsende wurden die Platten gereinigt und die Versuchsanlagen gespült. Bei $CaSO_4$ wurde lediglich deionisiertes Wasser bei 42 °C zur Reinigung verwendet. Bei $CaCO_3$ wurde zunächst in einem kurzen Spülvorgang (< 0,5 h) die Verkrustungen mit einer verdünnten Salzsäurelösung (~ 0,03%) gemäß Gl. (3.6) aufgelöst und anschließend für einen längeren Zeitraum (> 1 h) mit deionisiertem Wasser gespült. Eine ausführliche Beschreibung der eingesetzten Versuchsplatten folgt in Kap. 3.4.

$$CaCO_3(s) + 2HCl(aq) \rightarrow CaCl_2 + CO_2 + H_2O \tag{3.6}$$

3.3 Messung des Kristallisationsfoulings

Zur Quantifizierung des Kristallisationsfoulings wurden thermische Messungen zur Bestimmung des thermischen Foulingwiderstandes, gravimetrische und topographische Messungen zur Bestimmung der Foulingmasse sowie mechanische Messungen zur Bestimmung der Haftkraft von Einzelkristallen durchgeführt. Im Folgenden werden die Mess- und Auswertungsmethoden erläutert. Die Foulinguntersuchungen wurden mit unterschiedlichen Oberflächen durchgeführt, um den jeweiligen Einfluss modifizierter Oberflächeneigenschaften auf das Kristallisationsfouling zu quantifizieren. In Tabelle 3.3 sind die untersuchten Oberflächen aufgelistet. Eine ausführliche Beschreibung zu den Herstellungsverfahren dieser Oberflächen ist bei Geddert [*Geddert, 2009a*] zu finden.

Tabelle 3.3 Verwendete Oberflächen(-modifikationen)

Oberfläche	Werkstoff	Modifikation	Bezeichnung
Edelstahllegierung	EN 1.4301	keine	SS
Edelstahllegierung	EN 1.4301	elektropoliert	SS_EP
Amorpher Kohlenstoff	a-C:H	beschichtet	DLC
Amorpher Kohlenstoff	a-C:H	elektropoliert und beschichtet	DLC_EP
Amorpher Kohlenstoff	a-C:H:Si:O	beschichtet	SICON®
Amorpher Kohlenstoff	a-C:H:Si	beschichtet	SICAN
Technisches Email	O (0,35), Si (0,28), W (0,12) Na (0,09), B (0,02)*	emailliert	Email

*Angabe der Gew.-% der häufigsten Elemente in Klammern; enthält Spuren weiterer Elemente.

Die elektropolierten Oberflächen wurden von der Poligrat GmbH zu Verfügung gestellt. Die amorphen Kohlenstoff-Oberflächenbeschichtungen ($\leq 3\mu m$) wurden vom Fraunhofer Institut für Schicht- und Oberflächentechnik (IST) mittels PACVD-Verfahren (plasma activated chemical vapor deposition) hergestellt. Die Verfahrensweise des PACVD ist näher in [*Geddert, 2009a*] erläutert. Die Proben mit technischem Email auf Edelstahl wurden von der Dücker GmbH & Co. KGaA zur Verfügung gestellt. Für die Edelstahlplatten und die Beschichtungen wurde jeweils eine Wärmeleitfähigkeit von λ_w = 15 W m^1 K^{-1} und für die emaillierten Schichten von λ_w = 1,2 W m^1 K^{-1}, wie in Kapitel 5.6 zur Modellierung ausführlich erklärt, vereinfachend angenommen.

3.3.1 Thermischer Foulingwiderstand

Wie in Kap. 3.1 erläutert, wurde der thermische Einfluss des Kristallisationsfoulings auf den Wärmedurchgang über Thermoelemente unterhalb der Versuchsplatten detektiert. Die Temperaturmessungen wurden mit allen Versuchsanlagen (Abbn. 3.1 – 3.3) durchgeführt, um die Oberflächentemperatur und damit den Sättigungsindex nach Gl. (2.1) einzustellen. Der thermische Foulingwiderstand wurde für Strömungsgeschwindigkeiten von 0,05 – 0,2 m s^{-1} mit den Versuchsanlagen 1 und 3 bestimmt. Durch die elektrische Beheizung mittels Heizpatrone war bei den Versuchen ein konstanter Wärmestrom ($\dot{Q}$ = const.) gegeben. Unter der Annahme einer konstanten Wärmeübertragungsfläche (A_0 = const.) folgte der thermische Foulingwiderstand aus Gl. (2.34) unter

Verwendung von Gl. (2.29) als Differenz der zeitlichen mittleren Temperaturänderung ΔT_M zwischen der mittleren Wandinnentemperatur T_{wi} und der mittleren Fluidtemperatur T_2.

$$R_f(t) = \frac{A_0}{\Delta(kA)(t)} = A_0\left(\frac{1}{(kA)_f(t)} - \frac{1}{(kA)_0}\right) = \frac{A_0\left(\Delta T_{M,f}(t) - \Delta T_{M,0}\right)}{\dot{Q}} \tag{3.7}$$

Die zwei jeweiligen Plattentemperaturen wurden dabei gemittelt. Der Unterschied der Wandtemperaturen lag zu Beginn bei ca. $\Delta T_{wi,1\text{-}2}$ = 4,5 K, der ausschließlich auf eine ungleichmäßige Beheizung zurückzuführen ist, da sich die Ein- und Austrittstemperaturen der Lösung höchstens um 0,5 K unterschieden. Durch das Aufwachsen der Foulingschicht stieg die Differenz der Wandtemperaturen auf ca. $\Delta T_{wi,1\text{-}2}$ = 7 K. Anhand der zeitlichen Entwicklung konnte die Induktionszeit beim Nulldurchgang ($R_f(t > 0\ h) = 0\ m^2\ K\ W^{-1}$) des thermischen Foulingwiderstandes bestimmt werden. In Abb. 3.5 sind der thermische Foulingwiderstand sowie die mittlere Wandinnentemperatur T_{wi} und die entsprechenden Wandinnentemperaturen und Eintrittstemperatur $T_{2,ein}$ eines Foulingversuchs mit Gips auf Edelstahl exemplarisch aufgetragen.

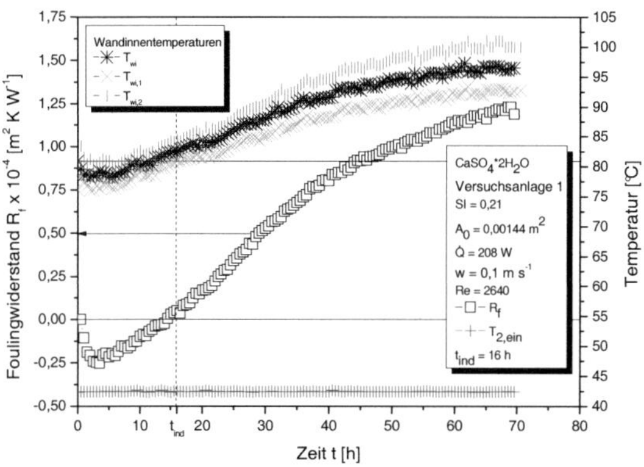

Abb. 3.5 Thermischer Foulingwiderstand sowie Wand- und Bulktemperatur von $CaSO_4$-Fouling auf Edelstahl

Der thermische Foulingwiderstand gibt dabei den Einfluss des Kristallisationsfoulings auf die Wandtemperatur wieder. Es ergab sich in diesem Fall eine Induktionszeit von 16 h. Die erhaltenen Trends bei Variation der Einflussparameter werden in Kap. 4.1 dargestellt und erläutert.

3.3.2 Kristallwachstum

Das Kristallwachstum wurde global durch Messung der trockenen Kristallmasse bezogen auf die saubere Wärmeübertragungsfläche m_f sowie mikroskopisch durch ex-situ Messung des Oberflächenprofils mittels Rasterkraftmikroskop (AFM, Danish Micro Engineering A/S) und durch optische Messungen im Rasterelektronenmikroskop (REM, Carl Zeiss AG, EVO 25) detektiert.

Für die globale gravimetrische Bestimmung der Foulingmasse wurden die Versuche nach bestimmten Zeitpunkten abgebrochen und die befoulten Versuchsplatten mit Hilfe einer

Mikrofeinwaage (Sartorius GmbH, Sartorius analytic) nach einer Trocknungszeit von ca. 24 h unter Raumbedingungen gewogen. Durch Subtraktion des Gewichts der sauberen Platte und Division durch die saubere Fläche der Platte A_0 konnte die Foulingmasse m_f bezogen auf die Wärmeübertragungsfläche zu verschiedenen Zeitpunkten bestimmt werden:

$$m_f = \left(M_{Platte,f} - M_{Platte,0}\right) / A_0 \tag{3.8}$$

Die Versuche zur gravimetrischen Bestimmung der Foulingmasse wurden für $CaSO_4$ bei einer Konzentration von 20 – 25 mmol L^{-1} und für $CaCO_3$ bei einer Konzentration von 5 mmol L^{-1} jeweils unter Variation des Wärmestromes und daraus resultierend der Wandtemperatur durchgeführt. Die Versuche zur Quantifizierung des Einflusses der Strömungsgeschwindigkeit auf das Ablagerungs- und Abtragungsverhalten wurden mit Versuchsanlage 1 und die Versuche zur Bestimmung der Wachstumsgeschwindigkeit beim Kristallisationsfouling ohne Einfluss der Strömungsgeschwindigkeit wurden mit Versuchsanlage 2 durchgeführt. In Abb. 3.6 ist exemplarisch die Entwicklung der Foulingmasse m_d von Calciumsulfatdihydrat bei vernachlässigbar geringen Strömungsgeschwindigkeiten in Versuchsanlage 2 dargestellt. Man erkennt, dass die Foulingmasse mit der Zeit anwächst. Für eine Erhöhung der Wandinnentemperatur von 75 auf 85 °C wurde ein deutlicher Anstieg der Masse gemessen, welcher unmittelbar auf die Erhöhung des Sättigungsindex nach Gl. (2.1) und somit nach Gl. (2.10) auf eine erhöhte Kristallisationsrate zurückzuführen ist. Zur Quantifizierung der mittleren Ablagerungsrate wurde das integrale Mittel gemäß Abb. 3.6 (b) gebildet.

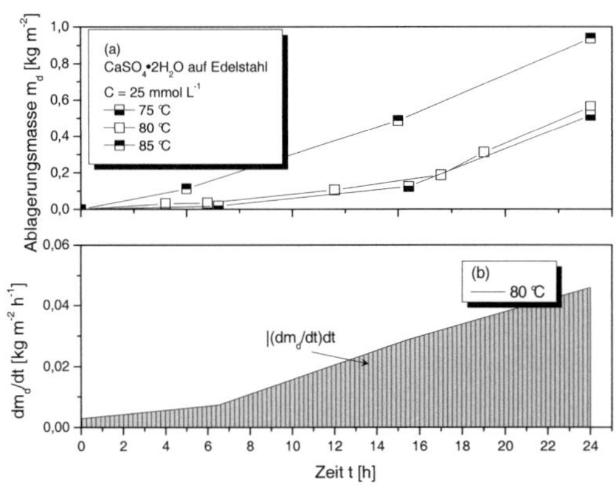

Abb. 3.6 (a) Ablagerungsmasse beim Kristallisationsfouling, (b) Ableitung und Integralbildung

Für kurze Versuchszeiten ($\leq$ 30 min) wurden mit Hilfe eines Rasterkraftmikroskopes (AFM) mikroskopische Profile von sauberen und befoulten Versuchsplatten erstellt. Aus der Differenz von Profilen mit Kristallen und dem sauberen Profil desselben Oberflächenausschnitts konnte die mittlere Höhe von Einzelkristallen x_f (< 10 µm) im Anfangsstadium des Kristallisationsfouling bestimmt werden. Die Funktionsweise des AFM ist in Kap. 3.4.1 näher beschrieben.

Optische Messungen zum Kristallwachstum wurden im Rasterelektronenmikroskop (REM) durchgeführt. Dabei wurden mit Mikrokristallen befoulte Versuchsplatten von oben betrachtet und mittels ImageJ (National Institutes of Health) [*Rasband, 2008*] die von oben betrachtete Kristallfläche von Einzelkristallen A_c sowie die Anzahl an Einzelkristallen pro Fläche N durch die Verwendung der

Threshold-Funktion bestimmt. Desweiteren wurden optische Messungen mittels Digitalmikroskop (VHX-100, Keyence GmbH) von befoulten Versuchsplatten durchgeführt. Dabei wurden die ebenfalls von oben betrachtete Kristallfläche A_c sowie die Anzahl an Einzelkristallen pro Fläche N bestimmt. Da die Bestimmung der Anzahl und Flächen der Mikrokristalle lokal auf den Probeoberflächen stattfand, wurde, um eine Skalierbarkeit und Reproduzierbarkeit zu gewährleisten, nur jeweils an bestimmten Positionen entlang der Plattenlängsachse gemessen. Das Kristallisationsfouling an den Plattenrändern wurde nicht betrachtet, da der Plattenrand selbst in der Regel das Fouling begünstigte.

Das mit den oben beschriebenen optischen Messmethoden untersuchte Kristallisationsfouling war vergleichbar mit frühen Foulingstadien innerhalb der Induktionsphase (vgl. Abb. 2.11). Die Ergebnisse der oben beschriebenen Messungen sind in Kap. 4.3 dargestellt. Befoulte Oberflächen wurden im REM außerdem mittels energiedispersiver Röntgenstrahlung (EDX) vermessen. Dabei erfolgte eine Bildzusammensetzung durch die Detektion verschiedener chemischer Elemente. Die Technik wurde bei der Überprüfung der im folgenden Kapitel erläuterten Haftungsmessungen eingesetzt.

3.3.3 Haftung von Einzelkristallen

Die Bestimmung der Haftkraft von mikroskopischen Einzelkristallen wurde mit Hilfe eines neuen mechanischen Messverfahrens ermöglicht [*Mayer, 2012b*]. Die entsprechenden Proben wurden mit den Versuchsanlagen 1 und 2 hergestellt. Dabei wurden Foulingversuche für 10 min bis 2 h durchgeführt. Die Versuchsplatten (20 x 80 x 2 mm) wurden dazu auf einen Objektträger geklebt und dieser in einem Federtisch (Kleindiek Nanotechnik GmbH) befestigt. In Abb. 3.7 ist der Federtisch dargestellt: Zwei parallel angeordnete Blattfedern sind auf der einen Seite eingespannt (links) und ermöglichen die horizontale Verschiebung des Federtisches mit Bohrung für den Objektträger (rechts). Es wurde drei baugleiche Federtische mit verschiedenen Federkonstanten (k = 45,7; 55,5 und 79,7 N m^{-1}) eingesetzt.

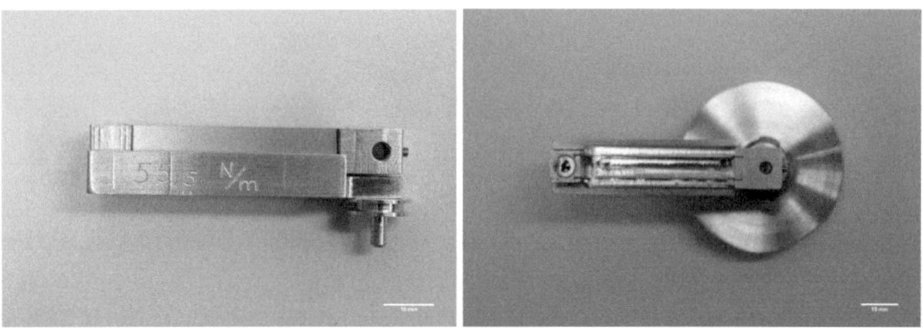

Abb. 3.7 Federtisch zum Einsatz im REM [*Mayer, 2012b*]

Der Federtisch mit Versuchsplatte wurde anschließend im REM platziert. Es wurde ein Kammervakuum von ~ $7 \cdot 10^{-4}$ Pa eingestellt. Bei Email musste der Kammerdruck auf ~ 20 Pa erhöht werden, da sich die Oberflächen andernfalls elektrisch aufluden und die REM-Aufnahmen verrauscht waren. Die Druckerhöhung hatte zur Folge, dass die Scan-Geschwindigkeit herabgesetzt war, was sich zu Lasten der Messgenauigkeit bzw. der Bildauswertung auswirkte. Der Versuchsaufbau ist schematisch in Abb. 3.8 dargestellt.

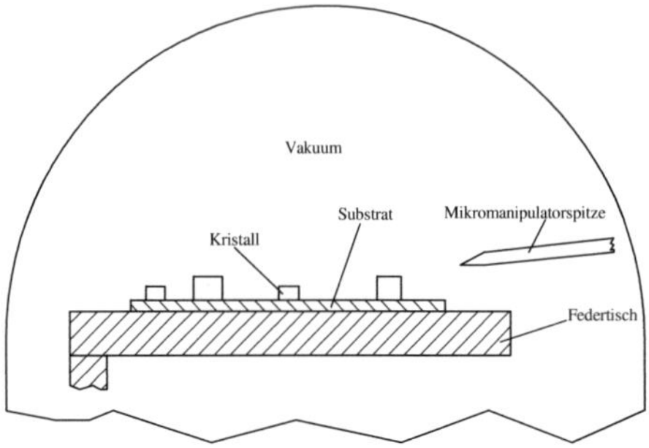

Abb. 3.8 Aufbau zur Bestimmung der Haftkraft im REM [*Mayer, 2012b*]

Mit Hilfe eines Mikromanipulators (Kleindiek Nanotechnik GmbH) wurde eine Scherkraft auf einen Einzelkristall solange ausgeübt, bis dieser abgeschert war. Die Scherkraft wurde dazu kontinuierlich über den Vorschub des Motors erhöht. Dieser Vorgang wurde aufgezeichnet und anschließend mit Hilfe von ImageJ ausgewertet. Dazu wurde durch Vergleich des ersten Bildes ohne Krafteinwirkung und des letzten Bildes vor dem Abriss des Kristalls der Federweg Δx bestimmt (vgl. Abb. 3.9). Die Haftkraft F_H konnte über das Hooke'sche Federgesetz bestimmt werden:

$$F_H = k\Delta x \tag{3.9}$$

Die Anwendbarkeit dieses neuartigen optischen Messverfahrens wird im Wesentlichen durch die Federkonstante k und den Bildausschnitts des REM limitiert. Der Abriss des Objektes bzw. Kristalls muss innerhalb des Bildausschnitts liegen, wobei der Abrissvorgang bei der eingestellten Vergrößerung erkennbar sein muss.

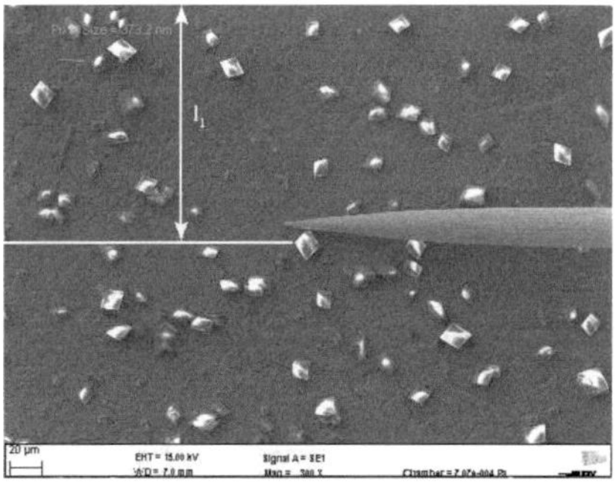

(a)

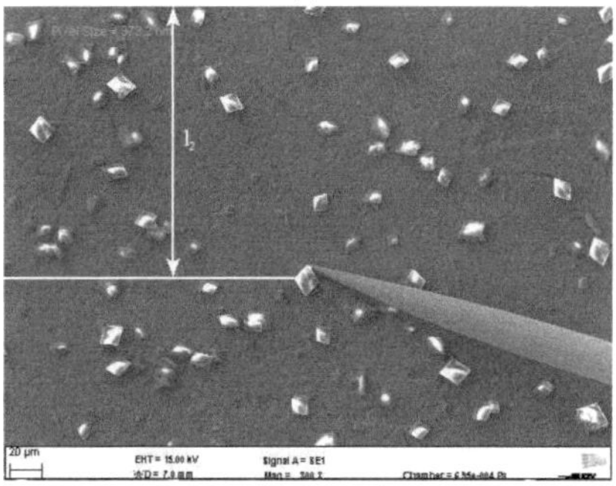

(b)

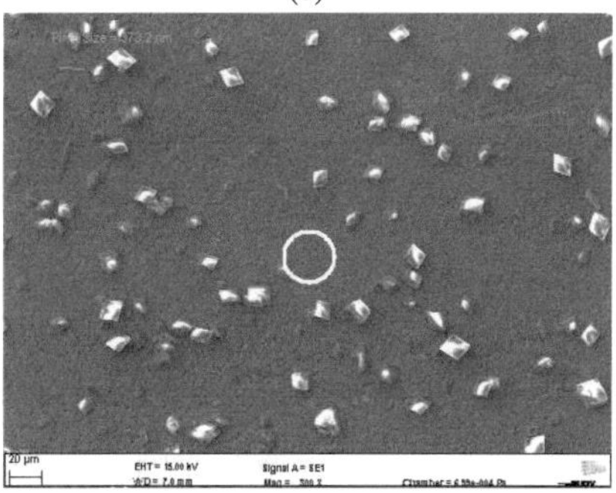

(c)

Abb. 3.9 Bestimmung der Haftkraft ($CaCO_3$ auf Edelstahl) im REM mittels Federtisch ($k = 79{,}7\ N\ m^{-1}$) und Mikromanipulator: (a) Startposition – Kristall unbeansprucht, (b) beanspruchter Kristall – maximaler Federauslenkung ($\Delta x = l_2 - l_1$), (c) Federtisch zurück in Startposition nach Abriss [*Mayer, 2012b*]

3.4 Oberflächencharakterisierung

Zur Untersuchung der Oberflächeneinflüsse auf das Kristallisationsfouling wurden Edelstahlplatten mit verschiedenen Oberflächenmodifikationen verwendet und die topographischen und energetischen Oberflächenparameter Oberflächenrauheit und freie Oberflächenenergie messtechnisch bestimmt. In Tabelle 3.3 sind die verwendeten Oberflächen aufgelistet, wobei unbehandelter gewalzter Edelstahl als Referenz diente. Wie in Kap. 2.1.3 erläutert, haben die Oberflächenrauheit und die freie Oberflächenenergie einen Einfluss auf das Haftverhalten und somit auch auf die Induktionszeit beim Kristallisationsfouling.

3.4.1 Oberflächentopographie

Die Oberflächentopographie der Versuchsplatten wurde mit Hilfe eines Rasterkraftmikroskopes (AFM, engl. atomic force microscope) untersucht. Die Platten wurden im sauberen Zustand und auch bei mikroskopischem Kristallisationsfouling mit dem AFM vermessen. Die prinzipielle Funktionsweise eines AFM ist in Abb. 3.10 dargestellt. Das Auflösungsvermögen des AFM liegt im Nanometerbereich (~ 0,3 nm). Dies kann eine atomare Darstellung der Oberfläche ermöglichen. Beim Messvorgang wird ein Cantilever mit einer Nanospitze mit Hilfe eines Piezoantriebes über die Oberfläche gefahren. Dabei ist ein Laser auf den Cantileverkopf gerichtet, dessen Reflexion von einer Photodiode detektiert wird. Das optische Signal wird für den abgefahrenen Oberflächenausschnitt (100 x 100 μm^2) zu einem zusammenhängenden Oberflächenprofil über die Datenaufnahme zusammengesetzt. Mit dem AFM sind drei verschiedene Abtast-Modi möglich: Contact mode, Non-contact mode und Tapping mode. Bei Ersterem wird der Cantilever mit einem definierten Vorschub direkt auf die Oberfläche aufgesetzt. Das Auflösungsvermögen ist hierbei von den erwähnten Modi am geringsten. Dieses Verfahren ist störanfällig, wenn es zu einem Kratzen bzw. Verwischen des Cantilevers mit auf der Oberfläche befindlichen Staubpartikeln kommt. Die höchstmögliche Auflösung wird mit dem Non-contact mode und dem Tapping mode erzielt. Bei dem Non-contact mode wird der Cantilever mit einem definierten Abstand über die Oberfläche gefahren. Messtechnisch erfasst wird im Gegensatz zum Contact mode die elektrische Stromstärke, die von der Oberfläche in den Cantilever fließt. Der Tapping mode ist insbesondere für Haftkraftmessungen zwischen Cantileverspitze und Oberfläche geeignet. Dazu wird der Cantilever punktuell auf die Oberfläche gesetzt und anschließend mit definiertem Vorschub wieder entfernt. Es kommt dabei zu einem Hystereseeffekt in der Kraft-Abstand-Kurve, da der Cantilever beim Wegfahren an der Oberfläche haftet. In der vorliegenden Arbeit wurde der Contact mode verwendet, da dieser bei ausreichendem Auflösungsvermögen am schnellsten arbeitet. Der oben genannte Ausschnitt konnte bei sauberen Oberflächen mit bis zu 500 $\mu m\ s^{-1}$ abgefahren werden, während bei mit Mikrokristallen befoulten Oberflächen mit 30 – 50 $\mu m\ s^{-1}$ reduziert werden musste. Zur mehrfachen Vermessung desselben Oberflächenausschnitts wurden die Platten auf einem xy-Tisch, der mit Mikrometerschrauben verstellbar ist, befestigt. Bei den Messungen mit Kristallisationsfouling konnte mit Hilfe von Profilschnitten die mittlere Höhe von Einzelkristallen durch den Vergleich mit dem sauberen Profilschnitt bestimmt werden. Die maximale vertikale Auslenkung der eingesetzten Cantilever liegt bei ca. 7 µm. Die Cantilever (150 x 50 x 5 µm) waren aus Silicon gefertigt. Die konische Spitze war aluminiumbeschichtet und hatte eine Höhe von 15 – 20 µm mit einem Radius (< 10 nm).

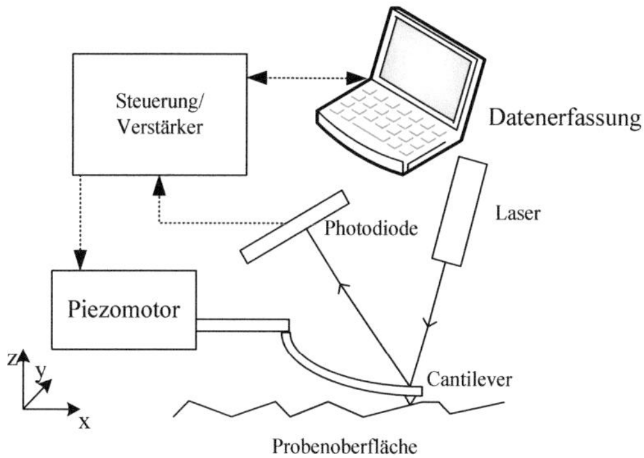

Abb. 3.10 Funktionsweise des Rasterkraftmikroskops

In dieser Arbeit wurden die mittlere quadratische Rauheit S_q nach Gl. (3.10) sowie der prozentuale Oberflächenvergrößerungsfaktor S_{dr} nach Gl. (3.11) als charakteristische Kenngrößen der mikroskopischen Oberflächentopographie bestimmt. Die Messergebnisse werden in Kap. 4.3.2 unter Einsatz der in Kap. 2.1.3 vorgestellten Modellierung der Haftkraft dargestellt.

$$S_q = \sqrt{\frac{1}{MN}\sum_{m=1}^{M}\sum_{n=1}^{N}\left(z(x_m, y_m) - \langle z \rangle\right)^2} \tag{3.10}$$

$$S_{dr} = \frac{\sum_{j=1}^{N-1}\sum_{i=1}^{M-1} A_{ij} - \Delta x \Delta y}{\Delta x \Delta y} 100\% \tag{3.11}$$

3.4.2 Freie Oberflächenenergie

Die freie Oberflächenenergie der Versuchsplatten wurde mit Hilfe einer Drop Shape Analysis (DSA100, Krüss GmbH) bestimmt. Bei diesem Verfahren wird optisch mit Hilfe einer CCD-Kamera der Kontaktwinkel eines auf der Oberfläche liegenden Flüssigkeitstropfens bestimmt. Der prinzipielle Versuchsaufbau ist in Abb. 3.11 dargestellt. Die Messungen wurden bei Raumbedingungen durchgeführt (~ 25 °C, 1 bar).

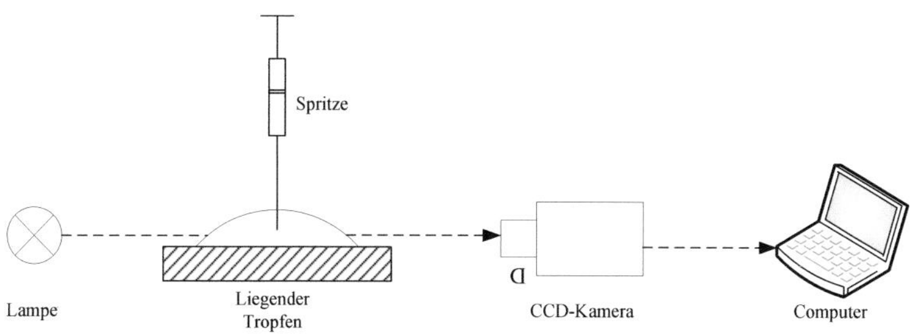

Abb. 3.11 Prinzipielle Funktionsweise der Drop Shape Analysis

Der Kontaktwinkel wird dabei dynamisch gemessen, indem der auf die Oberfläche aufgebrachte Tropfen mit Hilfe einer Spritze kontinuierlich vergrößert wird. Es wurden für jede Versuchsplatte mindestens vier Messungen mit insgesamt sechs verschiedenen Flüssigkeiten durchgeführt. In Tabelle 3.4 sind die verwendeten Testflüssigkeiten mit den jeweiligen Grenzflächenenergien gegen Luft sowie die entsprechenden polaren und dispersen Anteile aufgelistet. In Abb. 3.12 sind die Grenzflächenenergien sowie der Kontaktwinkel ω für einen Flüssigkeitstropfen auf einer festen Oberfläche nach Young dargestellt. Die Grenzflächenenergien der Oberfläche und des Tropfens gegen Luft werden auch als freie Oberflächenenergien bezeichnet. In dieser Arbeit wird hierbei die Luft im Index weggelassen.

Tabelle 3.4 Freie Oberflächenenergie der Testflüssigkeiten mit polaren und dispersen Anteilen

Flüssigkeit	γ_l [mJ m^{-2}]	γ_l^{pol} [mJ m^{-2}]	γ_l^{disp} [mJ m^{-2}]
Wasser	72,8	51,0	21,8
Ethylenglycol	47,7	16,8	30,9
Glycerin	64,0	30,0	34,0
Diiodmethan	50,8	0,00	50,8
1-Bromnapthalin	44,6	0,20	44,4
Formamid	58,0	19,0	39,0

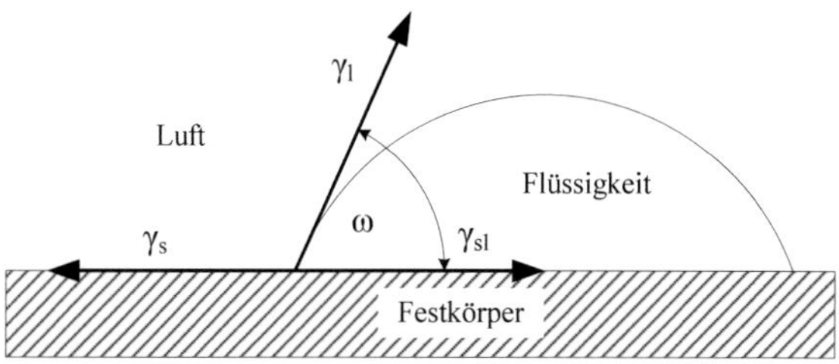

Abb. 3.12 Kontaktwinkel und Grenzflächenenergien bei einem liegenden Flüssigkeitstropfen

In den folgenden Ansätzen zur Bestimmung der freien Oberflächenenergie wird davon ausgegangen, dass sich die Grenzflächenenergie jeweils aus einem polaren und einem dispersen Anteil zusammen setzt ($\gamma = \gamma^{pol} + \gamma^{disp}$). Die freie Oberflächenenergie wurden mit Hilfe der Young'schen Gleichung nach Gl. (3.12) (vgl. Abb. 3.12) sowie einem Ansatz von Owens und Wendt [*Krüss GmbH, 2004*] nach Gl. (3.13) unter Verwendung polarer und disperser Grenzflächenenergieanteile bestimmt.

$$\gamma_s = \gamma_{sl} + \gamma_l \cos(\omega) \tag{3.12}$$

$$\gamma_{sl} = \gamma_l + \gamma_s - 2\left(\sqrt{\gamma_l^{disp}\gamma_s^{disp}} + \sqrt{\gamma_l^{pol}\gamma_s^{pol}}\right) \tag{3.13}$$

Durch Kombination der beiden Gleichungen kann eine Geradengleichung unter Annahme einer linearen Abhängigkeit von Kontaktwinkel ω und freier Oberflächenenergie des Flüssigkeitstropfens γ_l formuliert werden:

$$\frac{(1+\cos\omega)\gamma_l}{2\sqrt{\gamma_l^{disp}}} = \sqrt{\gamma_s^{pol}}\sqrt{\frac{\gamma_l^{pol}}{\gamma_l^{disp}}} + \sqrt{\gamma_s^{disp}} \tag{3.14}$$

Durch Auftragung der linken Seite von Gl. (3.14) der Kontaktwinkelmessungen mit den oben beschriebenen Testflüssigkeiten über dem Term $(\gamma_l^{pol}/\gamma_l^{disp})^{0,5}$ können der disperse Grenzflächenenergieanteil aus dem Ordinatenabschnitt und der polare Grenzflächenenergieanteil der Versuchsplatten aus der Steigung jeweils als Quadratwurzel bestimmt werden. Durch Quadrieren und anschließendes Summieren des polaren und dispersen Anteils kann dann die freie Oberflächenenergie der Platten berechnet werden. Der oben beschriebene Zusammenhang ist in Abb. 3.13 am Beispiel einer Edelstahloberfläche und einer DLC-Beschichtung dargestellt. Die gemessenen freien Oberflächenenergien werden in Kap. 4.3.3 im Zusammenhang mit der Haftung von Einzelkristallen dargestellt.

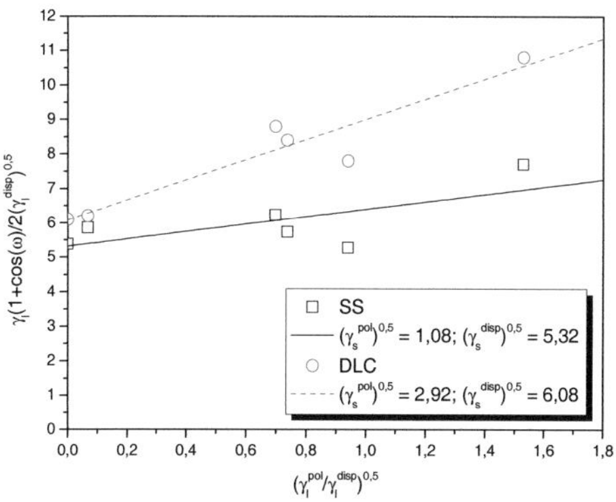

Abb. 3.13 Lineare Regression nach Gl. (3.14) zur Bestimmung der freien Oberflächenenergie

4 Experimentelle Ergebnisse

In diesem Kapitel werden Ergebnisse der oben beschriebenen experimentellen Verfahrensweisen vorgestellt und im Hinblick auf eine mechanistische Modellierung der Induktionszeit beim Kristallisationsfouling ausgewertet und diskutiert. Es werden dazu die im Stand des Wissens beschriebenen Modelle der Einzelphänomene beim Kristallisationsfouling aufgegriffen, bewertet und teilweise erweitert. Diese Modelle werden später in Form von Submodellen für die mechanistische Modellierung verwendet. Die im Folgenden angegebenen Sättigungsindizes beziehen sich jeweils auf die Konzentration und Oberflächentemperatur zu Versuchsbeginn ($SI(C_0, T_{w,0})$ = const.).

4.1 Thermischer Foulingwiderstand und Induktionszeit

Der thermische Foulingwiderstand nach Gl. (3.7) wurde unter Variation der Einflussparameter Sättigungsindex SI, Strömungsgeschwindigkeit w und der Oberflächenparameter Oberflächenrauheit S_q und freie Oberflächenenergie γ_s bestimmt. Die bereits bekannten tendenziellen Auswirkungen [*Förster, 2000; Höfling, 2004; Geddert, 2011*] dieser auf die Entwicklung des Foulingwiderstandes konnten dabei bestätigt werden. Im Folgenden werden die Auswirkungen der Einflussparameter sowohl auf den thermischen Foulingwiderstand als auch explizit auf die Induktionszeit beim Kristallisationsfouling dargestellt und erörtert.

4.1.1 Einfluss des Sättigungsindex

Eine Verringerung des Sättigungsindex bei konstanter Strömungsgeschwindigkeit und Oberflächenparametern hatte einen geringeren Anstieg des Foulingwiderstandes zur Folge. Dieser Trend wurde für die beiden inverslöslichen Salzsysteme $CaSO_4$ und $CaCO_3$ beobachtet [*Höfling, 2004*]. In Abb. 4.1 ist die Entwicklung des Foulingwiderstandes von Calciumcarbonat und Calciumsulfat auf Edelstahl aus Versuchsanlage 1 für jeweils zwei verschiedene Sättigungsindizes für Calcit und Gips dargestellt. Während in Abb. 4.1 (a) lediglich die Oberflächentemperatur um 5 K variiert wurde, resultiert die Änderung des Sättigungsindex in Abb. 4.1 (b) sowohl aus einer Konzentrationsänderung als auch aus einer Oberflächentemperaturänderung. Im letzteren Fall multiplizieren sich beide Größenänderungen zu einem stark unterschiedlichen Wachstumsverhalten. Es stellte sich in der Regel ein asymptotischer Verlauf gemäß Abb. 2.9 (c) ein, da die Versuchslösungen (s. Kap. 3.2) nicht mit den entsprechenden Salzen auf konzentriert wurden und somit die Übersättigung bzw. Ionenkonzentration über die Versuchsdauer erheblich, in einigen Fällen bis zur Sättigung abnahm. Der asymptotische Foulingwiderstand nahm dabei für einen zunehmenden Sättigungsindex zu. Im vorliegenden Fall bewirkte eine Erhöhung der Wandtemperatur um 5 K bei denselben Versuchsbedingungen einen Anstieg des thermischen Foulingwiderstandes um etwa den Faktor drei für fortgeschrittene Versuchsdauern. Die hier erreichten asymptotischen Foulingwiderstände lagen in der Größenordnung 10^{-5} m^2 K W^{-1}. Ein Vergleich mit Abb. 3.5 für $CaSO_4$-Fouling zeigt, dass bei derselben Strömungsgeschwindigkeit und bei einem wesentlich geringeren Sättigungsindex (SI = 0,21) ein vergleichbarer Foulingwiderstand nach derselben Zeit erreicht wurde. Der asymptotische Foulingwiderstand, war dabei nach längerer Versuchszeit (t = 70 h) deutlich höher (~ $2 \cdot 10^{-4}$ m^2 K W^{-1}). Dies kann damit erklärt werden, dass die Calcium-Konzentration im Fall von Abb. 3.5 mehr als das Vierfache betrug. Desweiteren wurde, wie in Abb. 4.1 dargestellt, bei geringerem Sättigungsindex eine stärkere und längere Ausprägung der rauheitskontrollierten Phase nach Abb. 2.10 (c) festgestellt. Dies kann auf ein langsameres Kristallwachstum bei geringeren Übersättigungen zurückgeführt werden. Es liegen dabei für einen längeren Zeitraum kleinere Kristalle auf der Oberfläche vor, die wie in Kap. 2.4 beschrieben, den Wärmeübergang durch Rauheits- und Einschnüreffekte auf die Strömung verbessern. Ein geringer Grad an Wasserhärte kann folglich Kristallisationsfouling verursachen, das für einen bestimmten Zeitraum als Wärmeübergangpromoter wirkt. Dabei ist zu beachten, dass zusammen mit dem thermischen Foulingwiderstand die Oberflächentemperatur sinkt und somit das Kristallisationsfouling verlangsamt. Da sich die Oberflächentemperatur bei Kristallisationsfouling verändern kann, kann folglich auch der Sättigungsindex an der Oberfläche zeitabhängig sein.

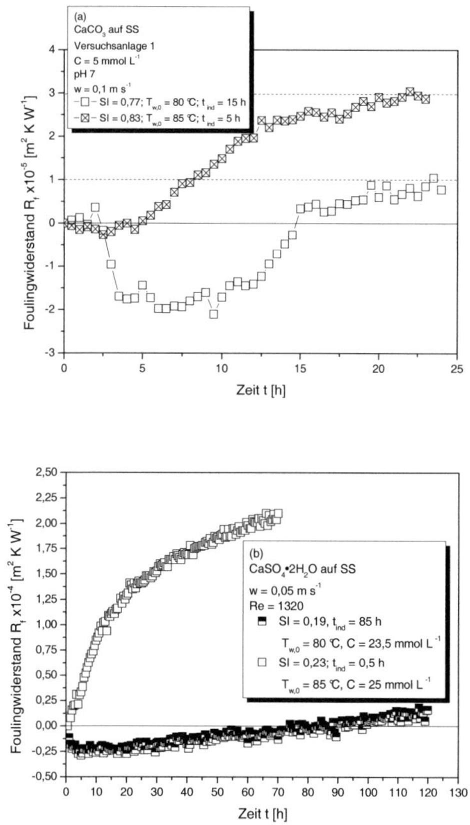

Abb. 4.1 Thermischer Foulingwiderstand von (a) $CaCO_3$- und (b) $CaSO_4$-Fouling auf Edelstahl bei unterschiedlichen Übersättigungen

Wie in Abb. 4.1 (a) exemplarisch zu sehen ist, hatte eine Reduzierung des Sättigungsindex eine signifikante Verlängerung der Induktionszeit t_{ind} von 5 h auf 15 h zur Folge. Noch stärker tritt dieser Effekt bei einer zusätzlichen Konzentrationsänderung, wie in Abb. 4.1 (b) auf: hier liegen die

Induktionszeiten um das 100-fache auseinander. Dieser Zusammenhang eines exponentiellen Abfalls der Induktionszeit mit steigendem SI wurde ebenfalls für Email Oberflächen festgestellt (s. Abb. 4.2). Die Initiationszeit t_{ini} war bei den Versuchen mit Gips nicht feststellbar, bei den Versuchen mit $CaCO_3$ lagen diese bei maximal 2 h.

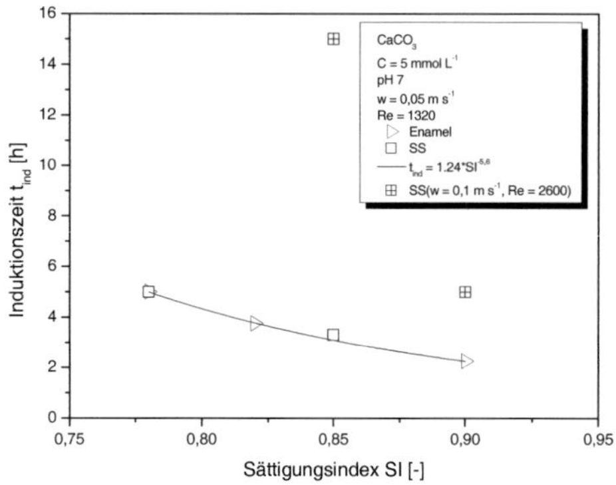

Abb. 4.2 Induktionszeiten über Sättigungsindizes beim Kristallisationsfouling

Es wird klar, dass die von Förster [*Föster, 2001*] verwendete untere Induktionszeit von ca. 6 h (vgl. Kap. 2.2.2) nicht für alle Fälle anwendbar ist, wobei die entsprechenden Versuche von ihm mit Versuchsanlage 3 bei relativ niedrigen Übersättigungen (SI ~ 0,1) durchgeführt wurden.

4.1.2 Einfluss der Strömungsgeschwindigkeit

Der Einfluss der Strömungsgeschwindigkeit ist in Abb. 4.3 für Foulingversuche mit Calciumsulfat in Versuchsanlage 3 dargestellt. Es wurde dabei eine Reduzierung des thermischen Foulingwiderstandes mit zunehmender Strömungsgeschwindigkeit festgestellt. Dieser Zusammenhang wurde unter anderem auch von Geddert [*Geddert, 2009b*] und Rizzo [*Rizzo, 2005*] gefunden. Hierbei wurden Oberflächentemperatur und Sättigungsindex bei Verwendung derselben Oberfläche konstant gehalten, um den alleinigen Einfluss der Strömungsgeschwindigkeit zu extrahieren. Die Reduzierung des thermischen Foulingwiderstandes geht dabei in der Regel mit einer Verlängerung der Induktionsphase einher (s. Abb. 4.3). Eine Erhöhung der Strömungsgeschwindigkeit hat hauptsächlich zwei Auswirkungen: 1. Eine Erhöhung des fluiden Wärmeübergangs, beschreibbar durch einen größeren Wärmeübergangskoeffizienten α und 2. eine höhere Wahrscheinlichkeit Γ bezüglich einer Abtragung von Kristallisationsfouling, wie in Kap. 2.1.4 beschrieben.

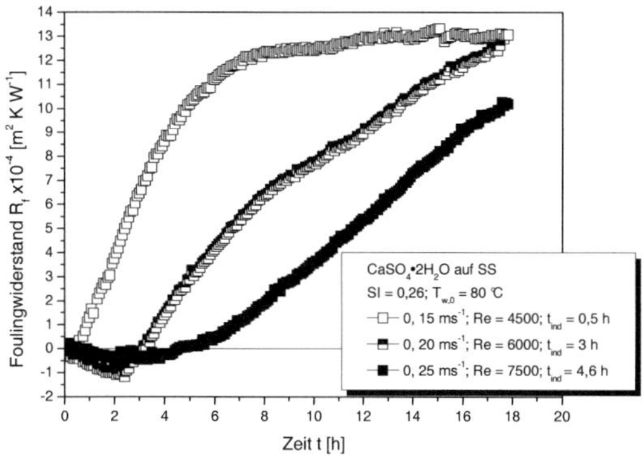

Abb. 4.3 Thermischer Foulingwiderstand von $CaSO_4$ auf Edelstahl bei verschiedenen Strömungsgeschwindigkeiten

Erstere Auswirkung erzeugt bei konstanter Oberflächentemperatur zu Beginn des Kristallisationsfoulings, wenn erste Mikrokristalle auf der Oberfläche vorliegen, eine Erhöhung der Turbulenz durch Rauheits- und Einschnüreffekte [*Albert, 2010*]. Wie in Kap. 2.4 dargelegt, geht dies in der Regel mit einem Anstieg des Druckverlustes in der Induktionsphase einher. Für fortgeschrittenes Wachstum erhöht sich bei konstantem Volumenstrom die Strömungsgeschwindigkeit und folglich der Wärmeübergang durch eine Verringerung des Strömungsquerschnitts. Die zweite Auswirkung einer erhöhten Abtragung ist im thermischen Foulingwiderstand unmittelbar nur bei einem sägezahnartigen Verlauf gemäß Abb. 2.9 (d) nachweisbar. Eine Untersuchung der Foulingmasse bei konstanter Oberflächentemperatur und variierender Strömungsgeschwindigkeit folgt in Kap. 4.2.3. Allerdings kann unter der Annahme, dass ein bestimmter Abtrag an Foulingmasse m_f im thermischen Foulingwiderstand nicht sichtbar ist, gefolgert werden, dass beide Effekte eines erhöhten Wärmeübergangs und einer erhöhten Abtragung zu einer Verlängerung der Induktionsphase führen und die Steigung des thermischen Foulingwiderstandes in der folgenden Schichtwachstumsphase flacher wird. Asymptotische Foulingwiderstände R_f^* fallen bei Erhöhung der Strömungsgeschwindigkeit in der Regel ebenfalls geringer aus.

Die oben beschriebene Beobachtung bestätigte sich für das Stoffsystem Calciumcarbonat und für verschiedene Oberflächen bei unterschiedlichen Übersättigungen. In Abb. 4.4 sind gemessene Induktionszeiten von unterschiedlichen Foulingversuchen über der Strömungsgeschwindigkeit dargestellt. Ebenso wie bei der Betrachtung des Sättigungsindex in Abb. 4.2 ist auch hier nur eine abschnittsweise Modellierung für den jeweiligen Fall möglich, da die Induktionszeiten für dieselbe Strömungsgeschwindigkeit in Abhängigkeit der Oberfläche und des Sättigungsindex stark streuen. Die relative Abweichung von experimentellen Induktionszeiten bei wiederholenden Versuchsdurchführungen liegt nach Geddert [*Geddert, 2009a*] zwischen 10% und 35%.

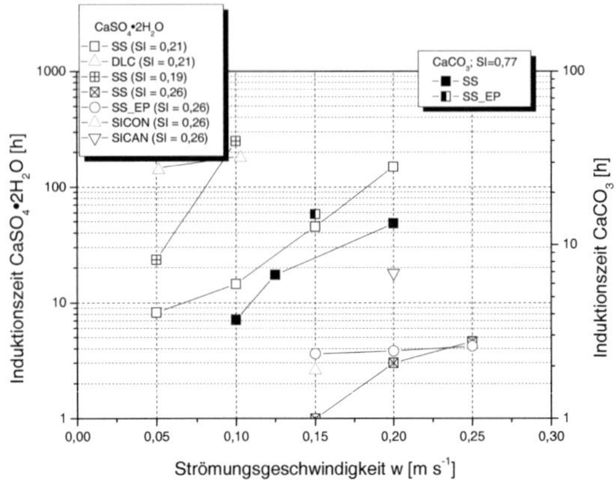

Abb. 4.4 Induktionszeiten unterschiedlicher Foulingversuche über der Strömungsgeschwindigkeit

4.1.3 Einfluss der Oberfläche

Der Einfluss der Oberfläche auf die Entwicklung des Kristallisationsfoulings wurde bei konstanten Versuchsbedingungen in Versuchsanlage 3 unter Verwendung verschiedener Oberflächen untersucht. In Abb. 4.5 sind gemessene thermische Foulingwiderstände von Calciumsulfat auf verschiedenen Oberflächen dargestellt. Die verwendete Übersättigung war hierbei relativ hoch (SI = 0,26) bei einer vergleichsweisen hohen Strömungsgeschwindigkeit von 0,25 m s^{-1} entsprechend Re = 5100.

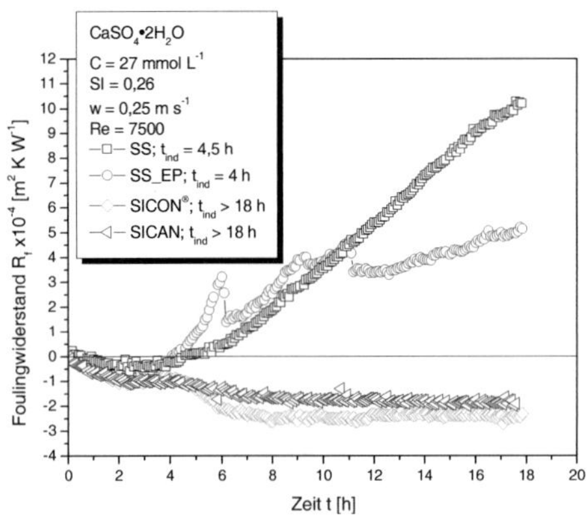

Abb. 4.5 Thermischer Foulingwiderstand bei verschiedenen Oberflächen

Es ist ein deutlicher Unterschied zwischen der unbehandelten Edelstahlplatte mit kurzer Induktionszeit und anschließendem linearem Wachstum in der Schichtwachstumsphase und den modifizierten Oberflächen zu erkennen: Der Foulingwiderstand bei der elektropolierten Oberfläche nahm zwar zu Beginn einen ähnlichen Verlauf wie die unbehandelte Platte (SS) bei fast derselben Dauer der

Induktionszeit, in der Schichtwachstumsphase kam es hingegen zu einem sägezahnartigen Verlauf gemäß Abb. 2.9 (d). Dies ist auf das Abreißen großer Belagstücke zurückzuführen, wobei die Haftung der Foulingschicht von Strömungskräften überwunden wurde. Es kann dabei jedoch nicht mit Bestimmtheit gesagt werden, ob adhäsive oder kohäsive Kräfte oder andere Haftkräfte überwunden wurden, da der thermische Foulingwiderstand lediglich die Auswirkung auf die Wandtemperaturen wiedergibt. Es ist jedoch wahrscheinlich, dass sich, im Vergleich zur unbehandelten Oberfläche (SS) bei einem vergleichbaren Wachstum der Foulingschicht, zu Beginn die adhäsiven oder interkristallinen Grenzflächen ab einem bestimmten Zeitpunkt weniger stark ausprägten, und in der Folge die Haftung größerer Belagstücke geringer war. Für die amorphen Kohlenstoffbeschichtungen SICON und SICAN war dieser Unterschied noch gravierender: Der thermische Foulingwiderstand verblieb über den Versuchszeitraum für beide Oberflächen in der Induktionsphase. Dies ist ebenfalls auf eine deutliche Verminderung der Haftung des Kristallisationsfoulings auf diesen Oberflächen zurückzuführen.

In Abb. 4.6 ist der thermische Foulingwiderstand für die Oberflächenmodifikationen SS_EP und SICON bei verschiedenen Strömungsgeschwindigkeiten dargestellt. Hierbei ist, wie in Kap. 4.1.2 beschrieben, eine Reduzierung des thermischen Foulingwiderstandes bei einer Erhöhung der Strömungsgeschwindigkeit zu erkennen. Die Induktionszeiten bei SS_EP unterschieden sich hingegen nur geringfügig. Bei der Beschichtung lag der Fall anders: nach einer relativ kurzen Induktionszeit von 2,25 h wuchs der thermische Foulingwiderstand bei einer Strömungsgeschwindigkeit von 0,2 m s^{-1} in der Schichtwachstumsphase rapide bis auf $1{,}2 \cdot 10^{-3}$ m^2 K W^{-1} an, um danach sägezahnartig in die Induktionsphase wieder abzufallen. Der thermische Foulingwiderstand verblieb dann für die restliche Versuchsdauer in der Induktionsphase, allerdings bei höheren Werten als bei einer Strömungsgeschwindigkeit von 0,25 m s^{-1} und stellt somit einen Sonderfall dar, da die Induktionsphase von einer Schichtwachtumsphase unterbrochen wurde. Hinsichtlich der plötzlichen Abtragung kann bei starkem Wachstum der Foulingschicht in der Schichtwachstumsphase auf eine signifikante Verringerung des Strömungsquerschnitts und einer damit verbundenen Erhöhung der Strömungsgeschwindigkeit geschlossen werden. Die dann an der Foulingschicht angreifenden fluiden Scherkräfte überwinden die Schichthaftung und führen zum Abriss großer Belagstücke. Hinsichtlich der auftretenden negativen thermischen Foulingwiderstände in der Induktionsphase bei beschichteten Oberflächen und höheren Strömungsgeschwindigkeiten, insbesondere bei der Beschichtung SICON in Abb. 4.6, muss eine Abtragung bei konstanten Versuchsbedingungen im Vergleich zu Edelstahl in Abb. 4.3 unter Verbleib kleiner Mikrokristalle auf der Oberfläche als evident angesehen werden. Die Ergebnisse einer Reduzierung des Foulingwiderstandes durch modifizierte Oberflächen bestätigen die Ergebnisse durch Förster [*Förster, 1999a, 1999b, 1999c*], Augustin [*Augustin, 2006*] und Geddert [*Geddert, 2009a*].

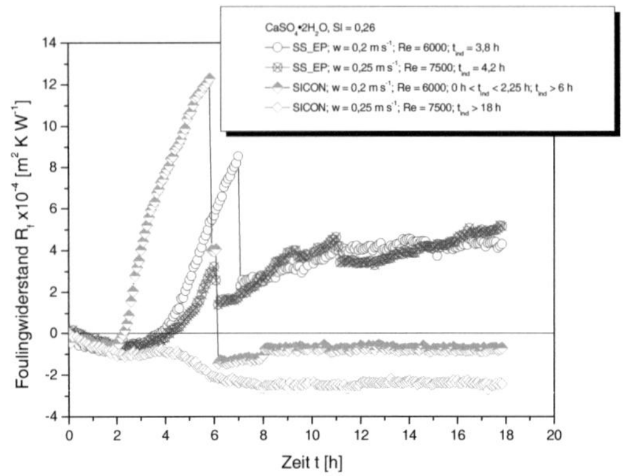

Abb. 4.6 Foulingwiderstand bei verschiedenen Oberflächen und Strömungsgeschwindigkeiten

Der im vorherigen Kapitel 4.1.2 erläuterte Zusammenhang der Reduzierung des thermischen Foulingwiderstandes bzw. der Induktionszeitverlängerung durch eine Erhöhung der Strömungsgeschwindigkeit tritt verstärkt bei den Oberflächenmodifikationen in Erscheinung. Es kann gefolgert werden, dass eine Oberflächenmodifikation durch Elektropolieren oder Beschichten vor allem für große Strömungsgeschwindigkeiten einen foulingreduzierenden Einfluss hat und umgekehrt dieser Einfluss bei niedrigen Strömungsgeschwindigkeiten weniger ausgeprägt in Erscheinung tritt.

4.2 Kristallwachstum

In diesem Kapitel werden die in Kap. 3.3.2 erläuterten Messungen zum Kristallwachstum vorgestellt. Wie oben erklärt, wurden einerseits Versuche zur Quantifizierung des Einflusses der Strömungsgeschwindigkeit auf die Foulingmasse und andererseits Versuche mit einer sehr geringen Strömungsgeschwindigkeit durchgeführt. Letztere werden zur Modellierung der Wachstumsrate beim Kristallisationsfouling gemäß Gl. (2.10) herangezogen. Die Untersuchungen mit Strömungseinfluss werden zur Quantifizierung der Abtragwahrscheinlichkeit nach Gl. (2.26) verwendet.

4.2.1 Ablagerungsmasse

Die trockene Foulingmasse m_f wurde, wie in Kap. 3.3.2 erklärt, nach bestimmten Versuchszeiten gewogen. In Abb. 4.7 ist exemplarisch die Foulingmasse von Calciumsulfat auf Edelstahl und auf SICON zu verschiedenen Zeitpunkten über der Strömungsgeschwindigkeit aufgetragen. Es ist gut zu erkennen, dass die Foulingmasse pro Flächeneinheit mit der Zeit zunimmt und für steigende Strömungsgeschwindigkeiten und Versuchszeiten länger als sechs Stunden ($t > 6$ h) abnimmt. Desweiteren wurde für die SICON-Beschichtung bei derselben Versuchsdauer und Strömungsgeschwindigkeit immer eine geringere Kristallmasse gemessen. Dies bestätigt die in Kap. 4.1.3 dargelegte Reduzierung des thermischen Foulingwiderstandes bei den DLC-Beschichtungen.

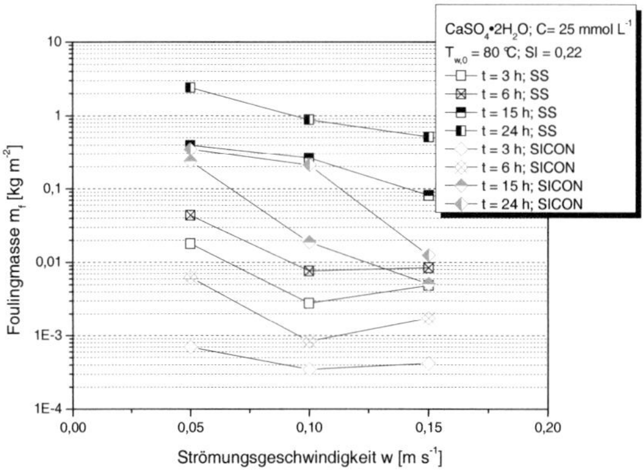

Abb. 4.7 Foulingmasse über Strömungsgeschwindigkeit zu verschiedenen Zeitpunkten

Der in Kap. 4.3.1 erläuterte Zusammenhang zwischen einem reduzierten thermischen Foulingwiderstand bei zunehmender Strömungsgeschwindigkeit kann an dieser Stelle näher untersucht werden, da jeweils die Prozessbedingungen zu Beginn eines Versuchs, unter denen sich das Kristallisationsfouling entwickelt, identisch waren: Es wurde die Konzentration ($C = 25$ mmol L^{-1}), die Wandtemperatur ($T_{w,0}$ = 80 °C) bzw. der Sättigungsindex SI sowie die Oberflächeneigenschaften konstant gehalten. Es kann also zumindest zu Versuchsbeginn bei der Bildung von Mikrokristallen auf der Oberfläche von vergleichbaren Wachstumsbedingungen ausgegangen werden. Das Kristallisationsfouling vor allem bei höheren Strömungsgeschwindigkeiten ist nach Augustin [*Augustin, 1993*] reaktionskontrolliert, das heißt, dass eine Erhöhung der Strömungsgeschwindigkeit w und folglich ein erhöhter Stoffübergangskoeffizient β keine Erhöhung der Wachstumsrate gemäß Gl. (2.10) bewirkt. Ein Vergleich der Foulingmasse auf Edelstahl bei verschiedenen Strömungsgeschwindigkeiten lässt somit zwei Schlussfolgerungen zu: 1. Das fortgeschrittene Wachstum für längere Versuchszeiten ist bei steigender Strömungsgeschwindigkeit reduziert, da aufgrund des erhöhten fluiden Wärmeübergangs die Oberflächentemperatur im Versuchsverlauf gegenüber niederen Strömungsgeschwindigkeiten ebenfalls reduziert ist. 2. Es kommt bei einer ansteigenden Strömungsgeschwindigkeit zu einer Abtragung von Foulingmasse. Bei einem Vergleich mit den Messwerten auf SICON muss letzteres vorliegen. Die erste Schlussfolgerung kann durch Betrachtung der rauheitskontrollierten Phase während der Induktionsphase gemäß Abb. 2.10 (b) und (c) veranschaulicht werden: Für steigende Strömungsgeschwindigkeiten wird die rauheitskontrollierte Phase in der Regel länger und ausgeprägter bzw. der thermische Foulingwiderstand nimmt negative Werte in der Induktionsphase an. Gemäß Abb. 3.5 nimmt die Oberflächentemperatur in der rauheitskontrollierten Phase ab und der Sättigungsindex ist gemäß Abb. 3.4 (a) reduziert und somit auch das Kristallwachstum nach Gl. 2.10. Wie in Kap. 4.2.1 erklärt, nimmt zudem bei einer Verringerung des Strömungsquerschnitts durch Schichtwachstum der fluide Wärmeübergang ebenfalls zu, was zu einer weiteren Senkung der Oberflächentemperatur führt. Dieser Effekt kann sich bei einer zunehmenden Foulingmasse und ggf. Schichtdicke mit einer Erhöhung der Oberflächentemperatur überlagern. Welcher Effekt dominiert kann in Zukunft mittels Simulation gezeigt werden. Da eine Abtragung von Foulingmasse bei einer Oberflächenveränderung vorliegen muss, wird in Kap. 4.2.3

eine Formulierung der Abtragwahrscheinlichkeit vorgestellt, in der die oben beschriebenen Grenzflächeneffekte auf das Kristallwachstum enthalten sind.

Im folgenden Abschnitt wird das Massenwachstum beim Kristallisationsfouling von Calciumsulfat und Calciumcarbonat auf Edelstahl (SS) unter sehr geringen Strömungsgeschwindigkeiten beschrieben. Bei diesen Versuchen in Versuchsanlage 2 konnte eine Abtragung aufgrund sehr niedrigen Strömungsgeschwindigkeiten ($w \approx 0{,}002$ m s^{-1}) vernachlässigt werden. Im Verlauf dieser Versuche wurde bei dem Wachstum makroskopischer Foulingschichten visuell kein Abtrag festgestellt. Aus den in Kap. 3.3.2 erläuterten Wachstumskurven gemäß Abb. 3.6 wurde die Ablagerungsrate $\dot{m}_d$ als mittlere integrale Ablagerungsrate nach Gl. 4.1 bestimmt.

$$\dot{m}_d = \frac{\int_0^t \frac{dm_d}{dt} dt}{t-0} \tag{4.1}$$

In Abb. 4.8 sind die erhaltenen Ablagerungsraten von (a) Gips und (b) Calcit über dem entsprechenden Sättigungsindex aufgetragen. Durch eine Anpassung der Modellparameter aus Gl. (2.10) konnten die entsprechenden flächengemittelten Ablagerungsraten beim Kristallisationsfouling bestimmt werden. Das Modell lieferte eine gute Übereinstimmung im betrachteten Sättigungsbereich bei einem Exponenten von $g = 4$ und den Vorfaktoren $k_G = 5{,}89$ für Gips und $k_G = 0{,}03$ für Calcit. Es muss hierbei angemerkt werden, dass anstelle von Modellgleichung Gl. (2.10) ggf. auch ein lineares Wachstumsmodell angewendet werden kann. Ebenfalls in Abb. 4.8 sind die umgerechneten mittleren integralen Wachstumsraten von Mikrokristallen beim Kristallisationsfouling, die mittels AFM bestimmt wurden (vgl. Kap. 3.3.2). Die Umrechnung erfolgte durch Multiplikation der mittleren integralen Wachstumsrate der Kristallhöhe x_f mit der entsprechenden Kristalldichte $\rho_f = \rho_c$ für eine Porosität gleich null gemäß Gl. (2.39) (s. Tabelle 3.2):

$$\dot{m}_d = \frac{\rho_f \int_0^t \frac{dx_f}{dt} dt}{t-0} \tag{4.2}$$

Bei den hier angeführten Berechnungen wird die Ablagerungsmasse bzw. deren Rate homogen auf der Oberfläche verteilt. Die umgerechneten Werte der AFM-Messungen liegen bei den globalen Messungen der Ablagerungsrate gemäß Gl. (4.1) und haben dieselbe Größenordnung. Das verwendete Modell nach Gl. (2.10) unterscheidet dabei nicht zwischen reaktionskontrolliertem und stoffstromkontrolliertem Wachstum gemäß Gl. (2.7). Da bei der Bestimmung der Ablagerungsrate eine mögliche Abtragung vermieden werden sollte, um eine größtmögliche Rate für die Modellierung zu bestimmen, sind im Vorfaktor k_G des Modells beide Mechanismen enthalten, da bei der sehr niedrigen Strömungsgeschwindigkeit eine Stoffstromlimitierung gemäß Abb. 2.3 nicht ausgeschlossen werden kann. Für größere Strömungsgeschwindigkeiten, wie in Abb. 4.7 dargestellt, ist nach Augustin [*Augustin, 1995*] und Geddert [*Geddert, 2009a*] von einem reaktionskontrolliertem Wachstum auszugehen. Ein Wachstum, in dem sowohl Stofftransport als auch Einbaureaktion limitierende Faktoren sein können, tritt nach Mersmann [*Mersmann, 2000*] vor allem bei höheren relativen Übersättigungen (0,1 > SI > 10) und, wie im vorliegenden Fall, bei Wachstumsgeschwindigkeiten geringer als ~ 10 μm s^{-1} auf. Die mittleren Wachstumsgeschwindigkeiten innerhalb der ersten 30 min aus den AFM-Messungen lagen für Calciumsulfatdihydrat bei ~ 3 nm s^{-1} und für Calciumcarbonat bei ~ 2 nm s^{-1}.

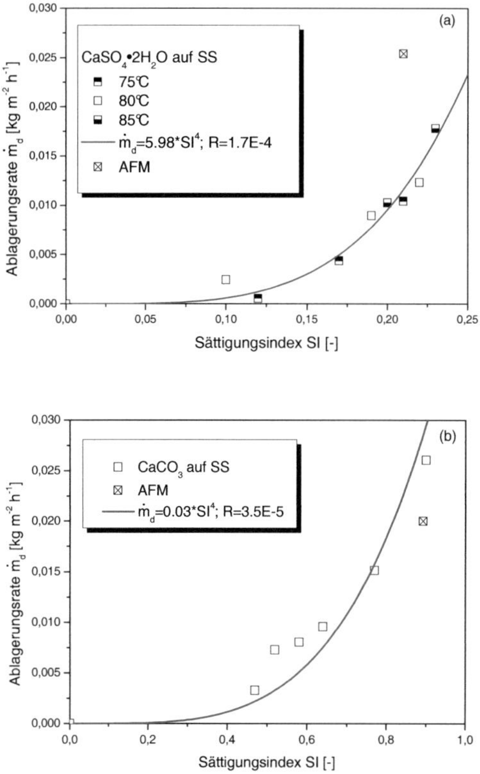

Abb. 4.8 Ablagerungsraten von (a) Gips und (b) Calcit auf Edelstahl beim Kristallisationsfouling

Das verwendete integrale Mittel dämpft dabei wachstumsbeschleunigende Effekte, wie etwa die steigende Wachstumsgeschwindigkeit bei zunehmender Phasengrenzfläche, da das zeitliche Mittel der Entwicklung der Kristallmasse gebildet wurde. Die Modellparameter aus Gl. (2.10) hängen somit auch vom maximalen betrachteten Zeitraum der Massenbestimmung ab. Desweiteren findet in den beiden untersuchten Stoffsystemen $CaSO_4$ und $CaCO_3$ jeweils zusätzliche Keimbildung und Wachstum von Anhydrit im ersteren Fall und von Aragonit im letzteren Fall statt. Daher müsste für eine exakte Wachstumsrate die entsprechende Fraktion dem jeweiligen Sättigungsindex aus Abb. 3.4 (a) zugeordnet werden.

In der folgenden Abb. 4.9 ist das mittels AFM gemessene mikroskopische Kristallisationsfouling von Calciumcarbonat auf Edelstahl (SS) zu verschiedenen Zeitpunkten dargestellt. Der Oberflächenausschnitt ist jeweils identisch und hat eine Grundfläche von 100 x 100 μm^2. Beginnend bei der sauberen Oberfläche ist für zunehmende Zeitpunkte bzw. den fortschreitenden Foulingprozess ein flächen- und höhenmäßiges Wachstum der Foulingschicht x_f nach Kap. 3.3.2 zu erkennen.

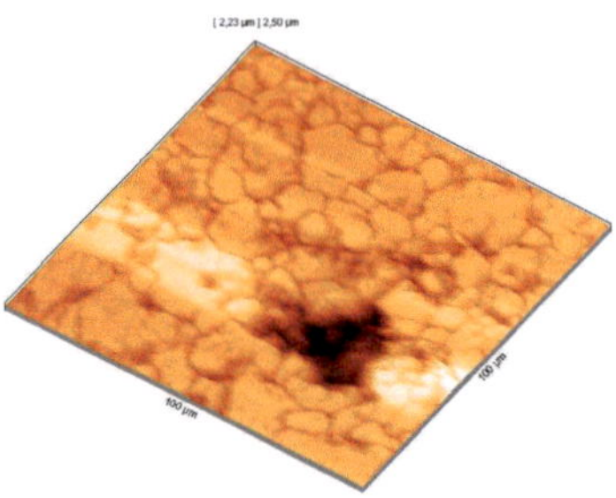

$t = 0$ min; $x_f = 0$ µm

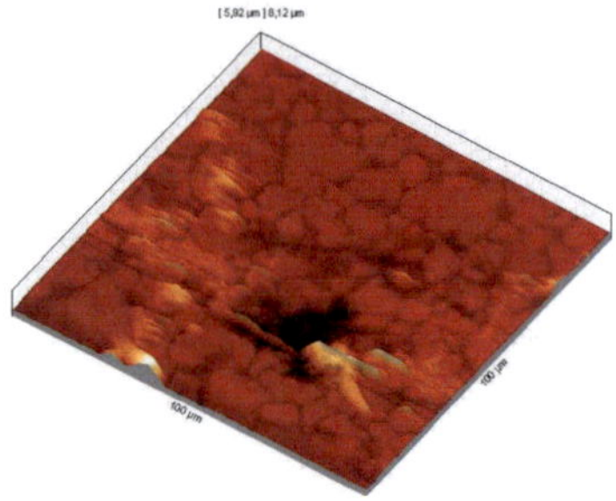

$t = 2$ min; $x_f = 0{,}2$ µm

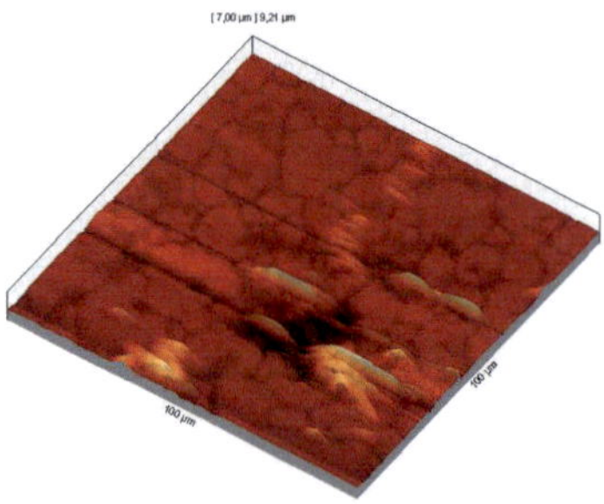

$t = 7$ min; $x_f = 0{,}3$ µm

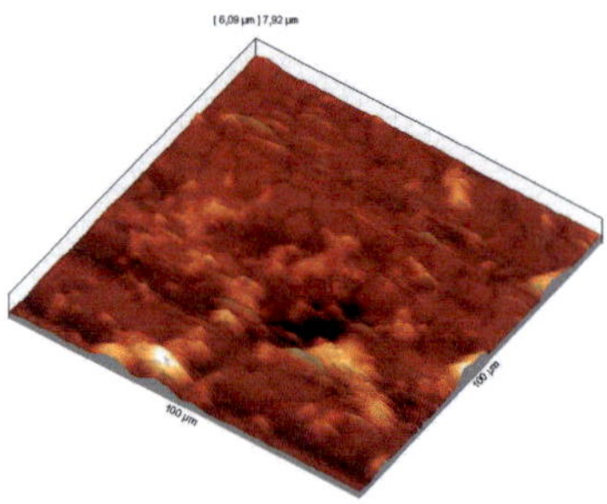

$t = 17$ min; $x_f = 3$ µm

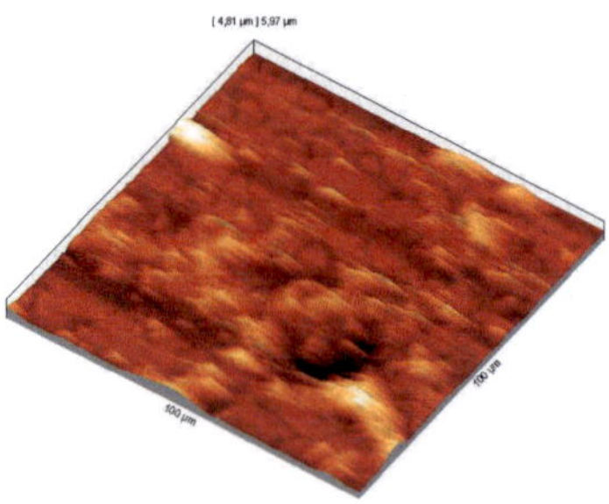

$t = 22$ min; $x_f = 3{,}25$ µm

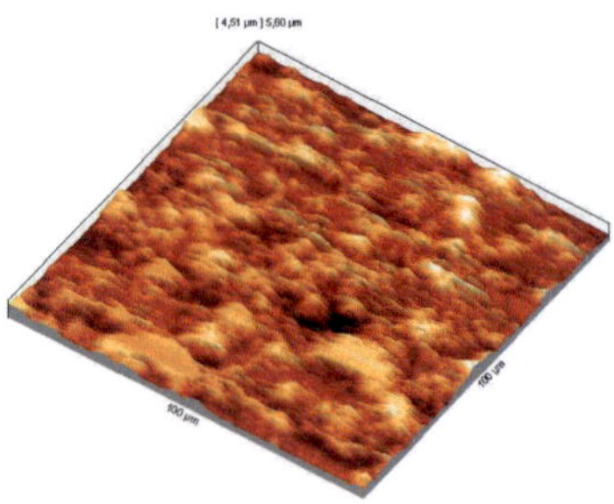

$t = 27$ min; $x_f = 4$ µm

Abb. 4.9 Mikroskopisches Kristallisationsfouling von $CaCO_3$ auf Edelstahl zu verschiedenen Zeitpunkten

Nach 27 min ist die Edelstahloberfläche in der mikrotopographischen Messung unter einer dichten Foulingschicht nur noch an vereinzelten Stellen sichtbar. Die Abnahme der mit dem AFM gemessenen maximalen Höhendifferenz (vgl. Abb. 4.9) nach 7 min lässt sich mit dem Zuwachsen der als dunkler Fleck erkennbaren Vertiefung erklären. Zur Ermittlung der Höhe von Einzelkristallen wurden, um letzteres Problem zu umgehen, wie in Kap. 3.3.2 erklärt, identische Profilschnitte vom befoulten und sauberen Zustand miteinander verglichen. In Abb. 4.10 sind entsprechende AFM-Aufnahmen einer Emailoberfläche (Email) beim Kristallisationsfouling zu verschiedenen Zeitpunkten dargestellt. Bei Email, welches eine relativ geringe Oberflächenrauheit im sauberen Zustand aufwies, konnte der Einfluss von Rissen und Kanten einer relativ ebenen Oberfläche auf den Kristallisationsprozess aussagekräftig festgehalten werden.

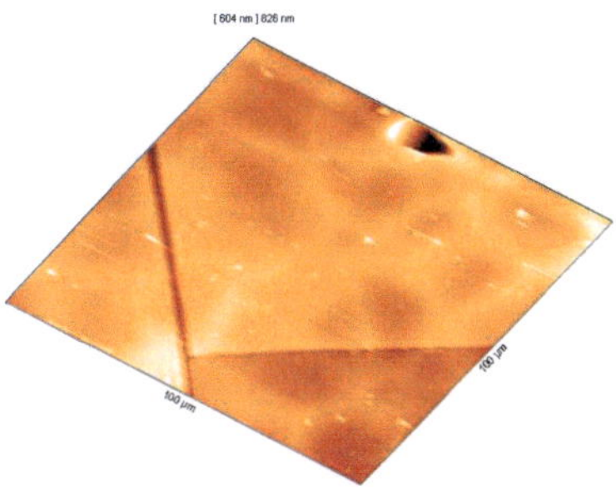

t = 0 min; x_f = 0 µm

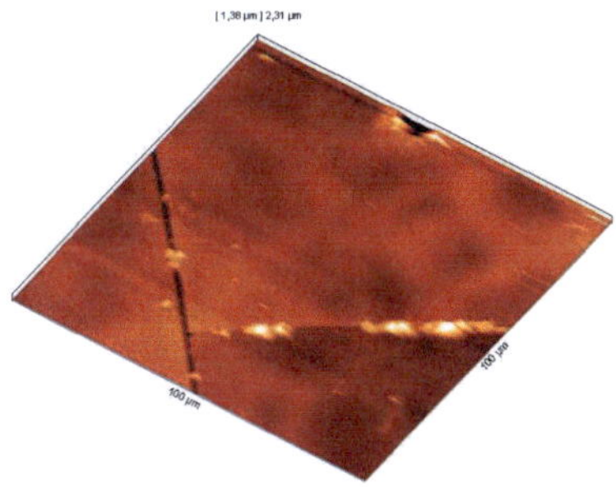

t = 2 min; x_f = 0,15 µm

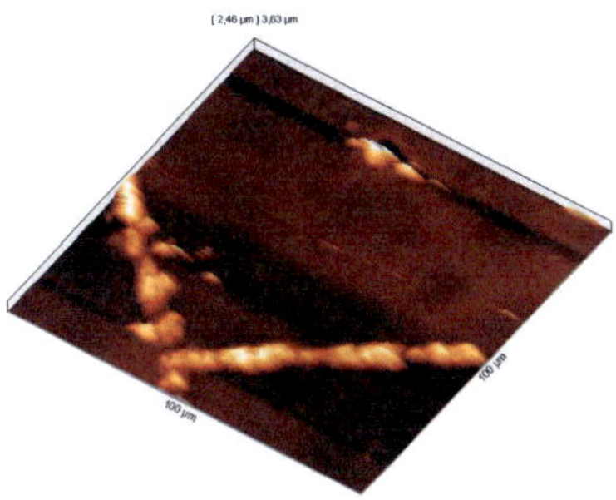

t = 7 min; x_f = 0,75 µm

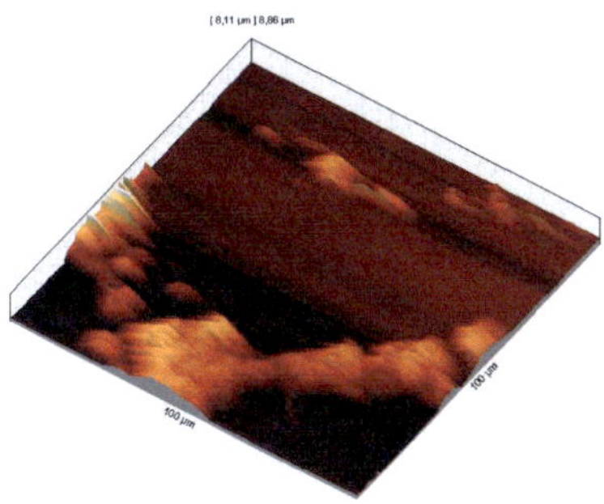

t = 17 min; x_f = 1,7 µm

Abb. 4.10 Mikroskopisches Kristallisationsfouling von $CaCO_3$ auf Edelstahl zu verschiedenen Zeitpunkten

Auf dem sauberen Oberflächenausschnitt sind zwei scharfe Kanten in der vorderen Bildhälfte und ein unbeabsichtigter Materialfehler am oberen Bildrand zu erkennen. Im Foulingprogress sind zwei augenscheinliche Dinge zu sehen: 1. Das Kristallsationsfouling beginnt nach kurzer Zeit in erster Linie an den Fehlstellen während die restliche Oberfläche sauber bleibt. Dies deutet auf eine erhöhte Keimbildungsrate gemäß Gl. (2.6) bzw. auf eine reduzierte heterogene Keimbildungsarbeit gemäß Gl. (2.4) hin. Es bestätigte sich die Aussage von Franke [*Franke, 2011*], dass die heterogene Keimbildung an Fehlstellen energetisch begünstigt ist. 2. Im weiteren Verlauf wächst das Fouling an den Kanten signifikant schneller als an anderen Stellen. Dies bestätigt die Beobachtung von Geddert [*Geddert, 2009a*], dass große Fraktionen beim Kristallisationsfouling im weiteren Foulingfortschritt überproportional schneller wachsen, da diese den gelösten Ionen eine große Oberfläche bzw. Phasengrenzfläche zur Verfügung stellen.

4.2.2 Kristallanzahl

Die Keimbildung, wie in Kap. 2.1.1 beschrieben, konnte messtechnisch nicht direkt erfasst werden. Es wurde daher die Anzahl N an identifizierbaren Einzelkristallen mittels Bildbearbeitung nach Kap. 3.3.2 bestimmt. Wie ebenda erläutert, unterliegen die folgenden Werte lokalen Messungen an verschiedenen Oberflächenausschnitten und somit der Annahme linearer Skalierbarkeit für die gesamte Wärmeübertragungsfläche bei konstanten Versuchsparametern. Da die Anzahl an Einzelkristallen in die Modellierung einfließt, sollen Messungen an dieser Stelle einen Anhaltspunkt über die zu erwartende Größenordnung für Calciumsulfatdihydrat und Calciumcarbonat liefern. In Abb. 4.11 (a) ist die flächenbezogenen Verteilungsdichte von Calciumsulfatdihydrat auf elektropoliertem Edelstahl (SS_EP) bei einer Strömungsgeschwindigkeit von 0,2 m s^{-1} zu verschiedenen Zeitpunkten dargestellt. Die Verteilungsdichte wurde mit zunehmender Zeit breiter während die Maxima annähernd konstant bei ca. 250 μm^2 verblieben. Die Größenordnung lag für elektropolierten Edelstahl (SS_EP) zwischen $3{,}6 \cdot 10^4$ – $4{,}6 \cdot 10^6$ m^{-2} m^{-3} für die auf die Wärmeübertragungsfläche bezogenen Einzelkristallflächendichte. In Abb. 4.11 (b) ist der entsprechende zeitliche Verlauf der Gesamtzahl an Einzelkristallen N zu sehen. Es stellte sich heraus, dass die Anzahl an Einzelkristallen über der Zeit abnahm. Dies kann durch zwei grundlegende Mechanismen erklärt werden: 1. Abtragung von Einzelkristallen gemäß Kap. 2.1.4 und 2. Aggregation bzw. Zusammenwachsen von Einzelkristallen, wie in Abb. 4.9 und 4.10 zu sehen. Im vorliegenden Fall lag die Gesamtanzahl über einen Zeitraum von 3 h in der Größenordnung von ~ 10^9 m^{-2} auf der Wärmeübertragungsfläche. Bei SICAN fiel die Anzahl an Einzelkristallen zum selben Zeitpunkt jeweils geringer aus und für einen signifikant längeren Versuchszeiträum auf $1{,}6 \cdot 10^8$ m^{-2}. Dies kann in Analogie zur Beobachtung in Abb. 4.7 einer reduzierten Foulingmasse bei steigenden Strömungsgeschwindigkeiten auf eine Abtragung zurückgeführt werden. Die oben dargelegten Beobachtungen wurden für Calciumsulfatdihydrat auf unbehandeltem Edelstahl (SS) bestätigt und sind im untersuchten Zeitraum vergleichbar mit den Messwerten von SS_EP. Dies korrespondiert mit den thermischen Foulingwiderständen aus Abb. 4.5 für unbehandelten Edelstahl (SS) und elektropolierten Edelstahl (SS_EP) für einen Zeitraum bis 10 h.

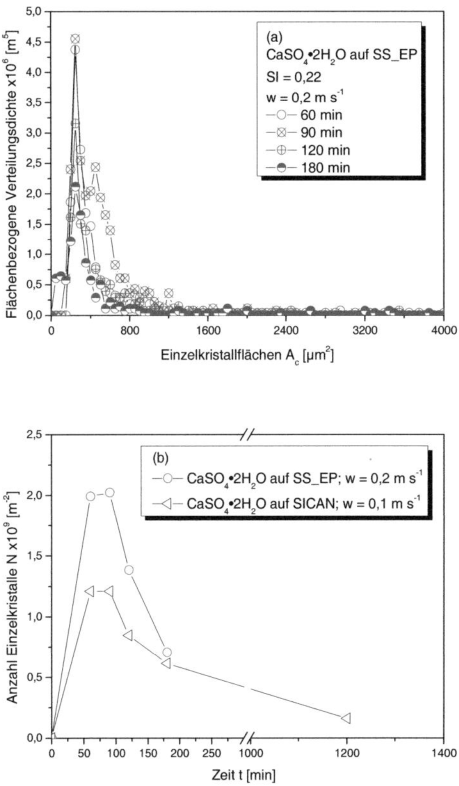

Abb. 4.11 (a) Flächenbezogenen Verteilungsdichte über Einzelkristallflächen zu verschiedenen Zeitpunkten, (b) Anzahl an Calciumsulfatdihydrat-Einzelkristallen über der Zeit

Die in Abb. 4.11 (b) dargestellte Anzahl an Einzelkristallen kann als die Anzahl an signifikanten, bzw. messtechnisch erfassbaren, wachsenden Keimen gedeutet werden. Es ist nach Angerhöfer [*Angerhöfer, 1994*], Franke [*Franke, 1994*] und Markov [*Markov, 2010*] wahrscheinlich, dass die heterogene Keimbildung beim Kristallisationsfouling relativ schnell im Sekundenbereich erfolgt, sofern die entstandenen Kristalle auf der Oberfläche verbleiben bzw. keine Abtragung oder Aggregation stattfindet. Danach findet, wie oben beschrieben, unterschiedlich schnelles Wachstum durch die lokal begünstigte Keimbildung statt [*Geddert, 2009a*]. Insbesondere bei einem kompletten Abtrag von kristallinem Feststoff muss jedoch davon ausgegangen werden, dass bei vorliegender Übersättigung an der Oberfläche (SI > 0) heterogene Keimbildung gemäß Kap. 2.1.1 auch zu späteren Zeitpunkten stattfinden kann. Für kurze Zeiträume kleiner 1 h ist anzunehmen, dass die Verteilungsdichte in Abb. 4.11 (a) sehr schmal, Peak-förmig, eine vergleichbare Größenordnung wie die Gesamtanzahl zu Beginn annimmt, wenn das Kristallwachstum, wie in Abbn. 2.11, 3.9 und 4.9 zu sehen, relativ gleichmäßig ist. Die Induktionszeit in Abb. 4.11 (b) lag für SS_EP bei 200 min und für SICAN bei

60 min, während die entsprechende Induktionszeit in Abb. 4.6 bei derselben Strömungsgeschwindigkeit und höherer Übersättigung etwas länger ausfiel. Dies kann auf die Versuchsanlage zurück geführt werden: die Versuche in Abb. 4.6 wurden bei größerer Wärmeübertragungsfläche und größerer Reynolds-Zahl mit Versuchsanlage 3 durchgeführt als diejenigen in Abb. 4.11 mit Versuchsanlage 1. Die Größenordnungen für die Anzahl an Einzelkristallen sollten dennoch für eine Modellierung der Induktionszeit im untersuchten Bereich für $CaSO_4$ praktikabel sein. Die maximale Anzahl N_{max} an Einzelkristallen lag hier in der Größenordnung von 10^9 m^{-2}. Für längere Zeiträume wurde ein Abfall der Anzahl festgestellt, der vor allem auf die Aggregation und zum Teil auf strömungsbedingte Abtragung zurückzuführen ist.

Die REM-Aufnahmen aus den Haftkraftmessungen (s. Kap. 3.3.3) wurden zur Untersuchung der Anzahl an Einzelkristallen beim Kristallisationsfouling für kurze Versuchszeiten und bei vernachlässigbarer Abtragung im Fall von $CaCO_3$ ausgewertet. In Abb. 4.12 ist die Anzahl an Einzelkristallen von (a) $CaCO_3$ und (b) $CaSO_4 \cdot 2H_2O$ auf verschiedenen Oberflächen dargestellt.

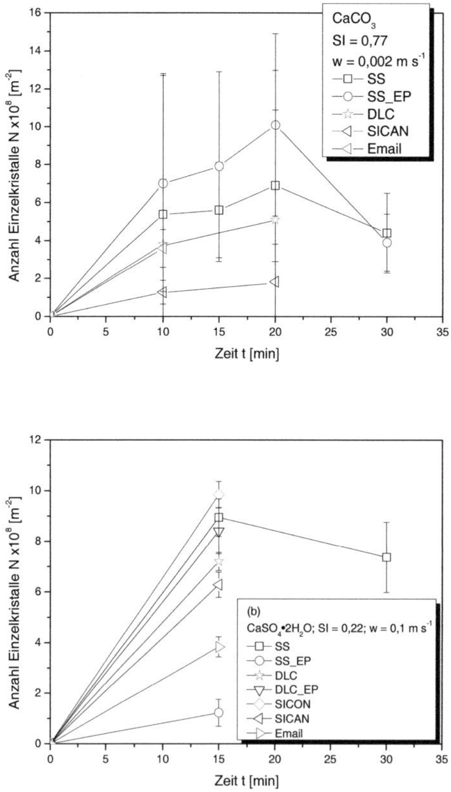

Abb. 4.12 Anzahl an (a) Calciumcarbonat-Einzelkristallen und (b) Calciumsulfatdihydrat-Einzelkristallen auf verschiedenen Oberflächen über der Zeit

Bei $CaCO_3$ lag für einen Sättigungsindex SI = 0,77 die Größenordnung bei 10^8 – 10^{-9} m^{-2}, wobei die Werte bei den amorphen Kohlenstoffbeschichtungen DLC und SICAN sowie dem Email etwas geringer waren. Die höchsten Werte wurden bei elektropoliertem Edelstahl (SS_EP) festgestellt. Die Standardabweichung war bei DLC am höchsten, bei SICAN am geringsten. Trotz unterschiedlichem Stoffsystem und Übersättigungsgrad sind die Werte vergleichbar mit denen für Calciumsulfat bei erhöhter Strömungsgeschwindigkeit in Abb. 4.12 (b). Für Calciumsulfatdihydrat in Abb. 4.12 (b) wurden für kürzere Zeiträume im Vergleich zu Abb. 4.11 (b) eine etwas geringere Anzahl festgestellt. Die Standardabweichungen waren bei Calciumsulfatdihydrat geringer als bei Calciumcarbonat. Aufgrund der geringen Strömungsgeschwindigkeit waren die Induktionszeiten in Abb. 4.12 (a) ebenso wie bei den AFM Messungen in Abb. 4.9 und 4.10 gleich null. Die Werte in Abb. 4.12 liegen in guter Übereinstimmung mit den erkennbaren Einzelkristallen aus den AFM-Messungen (s. Abb. 4.9 und Abb. 4.10). Bei einem direktem Vergleich der beiden Abbildungen fällt auf, dass beim jeweils vorliegenden System die maximale Anzahl bei $CaCO_3$ zwischen ca. 15 – 20 min für SS und SS_EP und bei $CaSO_4$ zwischen ca. 60 – 120 min erreicht wird. Wie eingangs erläutert, ist die heterogene Keimbildung sehr schnell gegenüber dem Kristallwachstum. Nach Angerhöfer [*Angerhöfer, 1994*] kann die heterogene Keimbildung von lokalem Wachstum überlagert werden. Dabei wird die Übersättigung auf der restlichen Oberfläche lokal stark reduziert, wodurch die Keimbildung ebenfalls reduziert wird. Es wird deshalb beim Kristallisationsfouling in Wärmeübertragern mit relativ kleinen Oberflächen-zu-Volumen-Verhältnissen messtechnisch eine effektive Keimbildungsrate [*Angerhöfer, 1994*] erfassbar, die jedoch für das Kristallisationsfouling signifikant ist. Wird die in Abbn. 4.11 (b) und 4.12 dargestellte Anzahl an Einzelkristallen, wie oben erklärt, als die für den Foulingfortschritt signifikante effektive Keimbildung definiert, kann eine abnehmende Rate in Analogie zum Halbwertszeit-Ansatz beschrieben werden:

$$B^{eff} = B_0^{eff} \exp(-K_I t) \tag{4.3}$$

In dieser Modellvorstellung nimmt die effektive Keimbildungsrate B^{eff} im Verlauf der Zeit exponentiell ab während die Anzahl an Einzelkristallen bis zu einem Maximalwert N_{max} anwächst. Zum Zeitpunkt Null ist die Anzahl N gleich Null, wobei die Bildungsrate sprunghaft den höchsten Wert annimmt. Hierbei kann B_0^{eff} mit dem Maximalwert der gemessenen Einzelkristalle N_{max} pro Fläche und Zeit ($B_0^{eff} = (N_{max}(t) - 0)/(t - 0)$) gleichgesetzt werden. Die Konstante ist $K_I = \ln(2)/t_{50\%}$ unter der Annahme eines exponentiellen Abfalls der Keimbildungsrate. Die Halbwertszeiten $t_{50\%}$ lassen sich für das jeweilige Stoffsystem und verschiedenen aus den Abbn. 4.11 (b) und 4.12 bei $t(N_{max}/2)$ abschätzen. Der Verlauf der Anzahl an Einzelkristallen und die Keimbildung überlagern sich gemäß der Annahme oben. Die Keimbildungsrate sinkt während die Einzelkristalle weiter wachsen und ggf. agglomerieren oder abgetragen werden können (vgl. Abb. 4.11 (b)). In Abb. 4.13 ist die aus Abbn. 4.11 (b) und 4.12 abgeleitete effektive Keimbildungsrate gemäß Gl. (4.3) für $CaSO_2 \cdot 2H_2O$ und $CaCO_3$ auf elektropoliertem Edelstahl (SS_EP) beim Kristallisationsfouling sowie die integrierte Anzahl an Einzelkristallen des Modells dargestellt. Aus der logarithmischen Skalierung wird deutlich: die effektive Keimbildungsrate fällt im Fall von $CaCO_3$ ab 250 min und im Fall von $CaSO4 \cdot 2H_2$ O ab 750 min unter eine Rate von 1 m^{-2} min^{-1}. Es müssen noch weitere Messungen insbesondere zur Bestimmung der Halbwertszeiten der effektiven Keimbildung beim Kristallisationsfouling erfolgen. Der Maximalwert der Anzahl an Einzelkristallen bleibt in dieser Modellierung konstant, da mögliche Aggregation und Abtragung mit Gl. (4.3) nicht betrachtet werden.

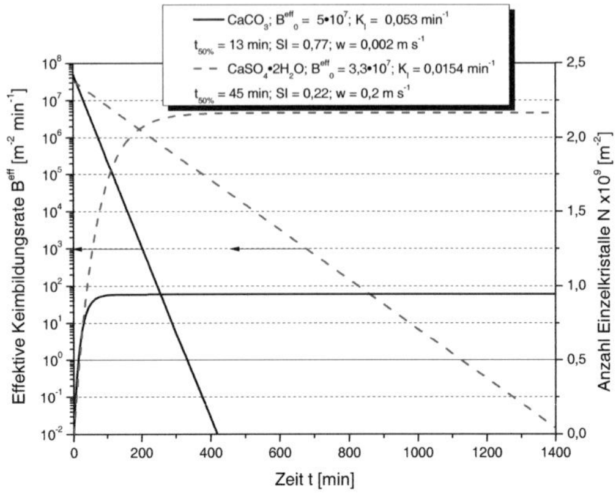

Abb. 4.13 Abgeleiteter Verlauf der effektiven Keimbildungsrate sowie integrierter Verlauf der Anzahl an Einzelkristallen von Calciumcarbonat nach Abb. 4.12 und Calciumsulfatdihydrat nach Abb. 4.11 (b) auf elektropoliertem Edelstahl (SS_EP) bei Kristallisationsfouling

Wie oben erklärt, muss bei dieser Modellierung der Keimbildungsrate im Kristallisationsfouling für höhere Strömungsgeschwindigkeiten der Einfluss der Strömungsgeschwindigkeit unter der Annahme eines kompletten Abtrages von Einzelkristallen bis zum Erreichen der maximalen Anzahl N_{max} berücksichtigt werden. Dies kann physikalisch damit erklärt werden, dass bei höheren Strömungsgeschwindigkeiten zunächst vor allem die schwach haftenden Einzelkristalle abgetragen werden und die stärker haftenden Einzelkristalle folglich über einen längeren Zeitraum auf der Oberfläche entstehen müssen. Wenn hingegen kein kompletter Abtrag von Einzelkristallen stattfindet und kristalline Reste auf der Oberfläche verbleiben oder die Keime langsamer wachsen, bevor sie detektiert werden können, nimmt das Modell in Gl. (4.3) die Funktion einer anzahlbasierten Wachstumskorrektur an. Unter diesem Gesichtspunkt vermag die tatsächliche heterogene Keimbildungsrate beträchtlich höher sein, wenn angenommen wird, dass einige Keime langsamer wachsen als die messtechnisch erfassbaren mikroskopischen Einzelkristalle. Bei rauer Oberfläche kann nach Angerhöfer [*Angerhöfer, 1994*] und Uhlmann [*Uhlmann, 1965*] die heterogene Keimbildung zudem vermehrt in Vertiefungen stattfinden, da dies nach Gl. (2.4) die Keimbildung energetisch begünstigt. Wie in Kap. 4.3 gezeigt wird, ist ein vollständiger Abtrag bei entsprechendem Krafteintrag möglich. Bei vernachlässigbaren Abtrag ist die Zeitauflösung vor allem vom Auflösungsvermögen des Mikroskops (Digitalmikroskop: ~ 0,5 µm; REM: ~ 30 nm) abhängig. Hinsichtlich einer mechanistischen Modellierung können ein strömungsinduzierter Abtrag von Einzelkristallen und die daraus resultierende länger andauernde Keimbildung mit Hilfe von Gl. (4.3) berücksichtigt werden. Quantifizierende Untersuchungen der Keimbildung und der Entwicklung der Anzahl an Einzelkristallen beim Kristallisationsfouling müssen in zukünftigen Studien fortgesetzt werden.

4.2.3 Abtragung

Die gezielten Experimente zur Messung des Kristallisationsfoulings deuten insbesondere bei erhöhten Strömungsgeschwindigkeiten und Oberflächenmodifikationen auf einen Abtragungsvorgang von Foulingschichten hin. Dabei wirkt sich eine Abtragung nachweislich auf die Foulingmasse m_f und somit auch auf die Anzahl an Einzelkristallen N aus. Die Abtragwahrscheinlichkeit gemäß Gl. (2.26) kann daher als Verteilung der Foulingmasse in Abhängigkeit der Oberfläche und der Strömungskräfte betrachtet werden. Diese kann, wie in Kap. 4.2.2 erläutert, nicht nur mechanischen Abtrag von Foulingmasse m_r, sondern auch ein reduziertes Wachstum durch eine reduzierte Oberflächentemperatur aufgrund eines erhöhten Wärmeübergangskoeffizienten beim Foulingfortschritt beinhalten. Die Abtragwahrscheinlichkeit aus Gl. (2.26) kann demzufolge formuliert werden zu:

$$\Gamma = 1 - \frac{\dot{m}_f}{\dot{m}_d} = \int \sigma d\left(\frac{F_\tau}{F_H}\right) \tag{4.4}$$

Die Foulingmasse pro Zeiteinheit wurde analog zur Ablagerungsmasse gemäß Gl. (4.1) als integraler Mittelwert quantifiziert:

$$\dot{m}_f = \frac{\int_0^t \frac{dm_f}{dt} dt}{t - 0} \tag{4.5}$$

Die Abtragwahrscheinlichkeitsdichte σ lässt sich durch das Differenzial von Gl. (4.4) berechnen:

$$\sigma = \frac{d\Gamma}{d\left(\frac{F_\tau}{F_H}\right)} = -\frac{d\left(\frac{\dot{m}_f}{\dot{m}_d}\right)}{d\left(\frac{F_\tau}{F_H}\right)} \tag{4.6}$$

Hierbei bildet der Ablagerungsmassenstrom $\dot{m}_d$ die Bezugsmasse ohne Abtrag. In dieser Studie wurde dazu der integrale mittlere Ablagerungsstrom nach Gl. (4.1) von unbehandeltem Edelstahl bei der niedrigsten Strömungsgeschwindigkeit (0,05 m s^{-1}) bei vergleichbaren Betriebsbedingungen gewählt. Die Abtragwahrscheinlichkeit in Abhängigkeit der Strömungsgeschwindigkeit ist in Abb. 4.14 mit den entsprechenden Weibull-Regressionen dargestellt. Zwei Zusammenhänge werden hierbei deutlich: 1. Die Abtragwahrscheinlichkeit nimmt mit steigender Strömungsgeschwindigkeit und folglich steigenden Strömungskräften zu. 2. Die Abtragwahrscheinlichkeit nimmt bei den Oberflächenmodifikationen SS_EP und SICAN schon bei geringeren Strömungsgeschwindigkeiten stark zu. Auf antiadhäsive bzw. Antifouling-Eigenschaften der Oberfläche kann somit bei höheren Abtragwahrscheinlichkeiten ($\Gamma > 0{,}5$) und niedrigen Strömungsgeschwindigkeiten geschlossen werden.

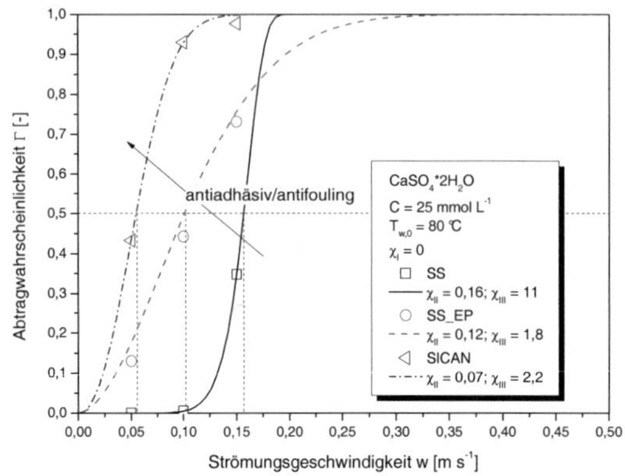

Abb. 4.14 Abtragwahrscheinlichkeit über Strömungsgeschwindigkeit

Für die weitere Auswertung gemäß Gl. (2.26) wurde nun die jeweilige Strömungsgeschwindigkeit am Median ($\Gamma = 0,5$) bestimmt und die entsprechende Wandschubspannung im sauberen Zustand nach Gl. (4.7) berechnet.

$$\tau_w = \eta_l \frac{dw}{dx} \tag{4.7}$$

Mit Hilfe der mittleren Haftfestigkeit $H_{50\%}$ von Gipsschichten bei einer Bruchhäufigkeit von 50% nach Förster [*Förster, 2001*] konnte das entsprechende Grenzflächenverhältnis A_{cl}/A_{cH} berechnet werden (s. Tabelle 4.1). A_{cH} ist hierbei die wirksame Haftfläche und wird in Analogie zur adhäsiven Grenzfläche zur wärmeübertragenden Wand A_{cs} nach Gl. (2.14) ebenfalls als Grenzfläche betrachtet. Die Haftfestigkeit wurde dabei entsprechend der Probenoberfläche gewählt, wobei für SICAN aufgrund nachgewiesener antiadhäsiver Eigenschaften ein um die Hälfte geringerer Wert als von Edelstahl verwendet wurde.

Tabelle 4.1 Strömungsgeschwindigkeit, Anfangs-Wandschubspannung, mittlere Haftfestigkeit und Grenzflächenverhältnis

Oberfläche	$w(\Gamma = 0,5)$ [m s^{-1}]	$\tau_{w,0}$ [N m^{-2}]	$H_{50\%}$ x10^6 [N m^{-2}]	A_{cl}/A_{cH} x10^6 [-]
SICAN	0,05	0,0159	0,15	9,43
SS_EP	0,10	0,0319	0,28	8,78
SS	0,15	0,1281	0,32	2,50

Aus den Beispielrechnungen gemäß Tabelle 4.1 geht bei gewählter Haftfestigkeit der Gipsschichten hervor, dass die Grenzfläche der Kristalle zur Flüssigkeit A_{cl} um ein Vielfaches (~10^6) größer ist als die Haftfläche der Kristalle A_{cH}. Dabei muss bedacht werden, dass die als konstant angenommene Wandschubspannung $\tau_{w,0}$ durch das Höhenwachstum der Kristalle x_f bei konstantem Volumenstrom ansteigen kann. Desweiteren muss davon ausgegangen werden, dass bei einer Abtragung sowohl adhäsive als auch kohäsive Haftflächen überwunden werden können bzw. zum Kräftegleichgewicht beitragen (s. Kap. 2.1.4) und somit die wirkende Haftfläche A_{cH} größer als die Summe aller adhäsiven Grenzflächen der Einzelkristalle ($N \cdot A_0 \cdot A_{cs}$) ausfällt. Der dramatische Anstieg der fluiden Grenzfläche A_{cl} wird bereits nach kurzer Zeit auf mikroskopischer Ebene deutlich: in Abb. 4.9 stieg der Oberflächenvergrößerungsfaktor S_{dr} nach Gl. (3.11) bei 22 min auf 114% im befoulten Zustand von anfangs 1,2% im sauberen Zustand. Zu diesem Zeitpunkt war die zur Flüssigkeit gerichtete Kristallfläche in etwa so groß wie die saubere Fläche A_0 auf mikroskopischer Ebene. Die Abtragwahrscheinlichkeit als Funktion des Kräfteverhältnisses F_τ/F_H wurde im Folgenden mit Hilfe der Anfangs-Wandschubspannungen, der mittleren Haftfestigkeit $H_{50\%}$ sowie der Bedingung für den Median bei $\Gamma = 0{,}5$ gemäß Abb. 2.6 approximiert:

$$\Gamma\left(\frac{F_\tau}{F_H} = 1\right) \approx \Gamma\left(\frac{\tau_{w,0} A_{cl}}{H_{50\%} A_{cH}} = 1\right) \stackrel{!}{=} 0{,}5 \tag{4.8}$$

Unter der Annahme konstanter Grenzflächenverhältnisse (A_{cH}/A_{cl} = const.) bei den drei untersuchten Versuchsplatten konnten die entsprechenden Kräfteverhältnisse F_τ/F_H berechnet werden. In Abb. 4.15 sind die Abtragwahrscheinlichkeit sowie die Weibull-Regression Gl. (2.26) und ihre Abtragwahrscheinlichkeitsdichte nach Gl. (4.4) über dem approximierten Kräfteverhältnis aufgetragen. Bis auf die höchste Abtragwahrscheinlichkeit von SS_EP ließen sich die erhaltenen Werte gut mit der Weibullverteilung beschreiben. Da hierbei ein statistisches Verhalten zu Grunde gelegt wird, muss davon ausgegangen werden, dass (a) weitere Messungen für eine exaktere Darstellung erfolgen müssen und, dass (b) die oben getroffenen Annahmen der konstanten Anfangswandschubspannung, der Haftfestigkeit sowie konstanter Grenzflächenverhältnisse zu Ungenauigkeiten führen. Die Abtragwahrscheinlichkeit in Abb. 4.15 (a) wird in dieser Arbeit exemplarisch als A-prioi-Wahrscheinlichkeit genutzt.

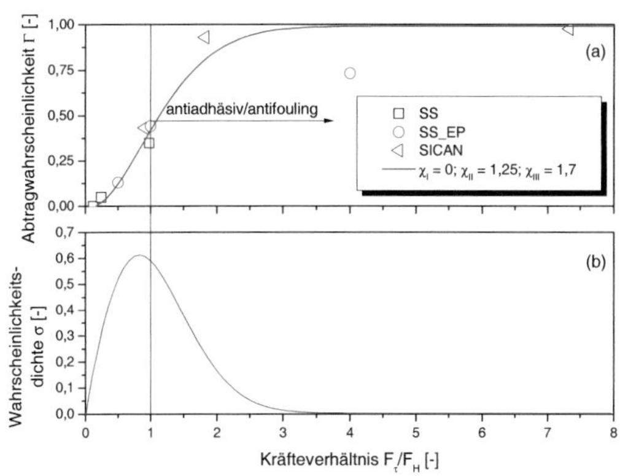

Abb. 4.15 (a) Abtragwahrscheinlichkeit und (b) Wahrscheinlichkeitsdichte approximiert aus Abb. 4.14

Das Differenzial der Regression der Abtragwahrscheinlichkeit, die Wahrscheinlichkeitsdichte in Abb. 4.15, zeigt, dass der Modalwert der Verteilung ($\partial\sigma/\partial(F_\tau/F_H) = 0$) bei einem Kräfteverhältnis von ca. 0,75 liegt. Der Mittelwert des Modells ist in dem betrachteten Fall demnach nicht der am häufigsten auftretende Fall. Es muss desweiteren davon ausgegangen werden, dass sich das Kräfteverhältnis dynamisch und proportional zum Flächenverhältnis A_{cl}/A_{cH} entwickelt und daher zeitabhängige

Messungen beim Kristallisationsfouling erfolgen müssen. Im Fall von Einzelkristallen ist die Haftkraft verteilt, wie im folgenden Kapitel erläutert wird. Mit zunehmender Schichtdicke x_f bildet sich eine kristalline Foulingschicht mit einer Porosität bzw. einem Hohlraumanteil [*Hirsch, 1996a*], in dem bei hohen Strömungsgeschwindigkeiten ebenfalls Schubspannungen wirken können. Wie in Kap. 2.2.3 erklärt ist dies vor allem in der Schichtwachstumsphase zu erwarten, wobei die Dichte der Foulingschicht ρ_f dann aufgrund der Porosität angepasst werden muss [*Hirsch, 1996a; Förster, 2001*].

4.3 Haftung von Einzelkristallen

Im Folgenden werden die Ergebnisse der in Kap. 3.3.3 erklärten Haftkraftmessungen mit Hilfe des mechanischen Messverfahrens im REM vorgestellt. Die Ergebnisse werden anhand der Modelle aus Kap. 2.1.3 diskutiert und nehmen, wie eingangs erklärt, eine zentrale Stellung in der mechanistischen Modellierung der Induktionszeiten ein. Die Oberflächenparameter Oberflächenrauheit und freie Oberflächenenergie, die als Einflussgrößen auf das Kristallisationsfouling identifiziert wurden, können der adhäsiven Haftung zugeordnet werden. Die Ergebnisse der in Kap. 3.4.1 und Kap. 3.4.2 vorgestellten Messmethoden zur Bestimmung der Oberflächenparameter werden nachfolgend ebenfalls dargestellt und erläutert. Im Hinblick auf eine Modellierung der Induktionszeit wird ein plausibles Submodell für die adhäsive Haftung von Einzelkristallen beim Kristallisationfouling extrahiert. Die oben erläuterte Abhängigkeit der Abtragwahrscheinlichkeit vom Grenzflächen- und Kräfteverhältnis wird unter dem Gesichtspunkt reiner Adhäsion aufgegriffen und erörtert.

4.3.1 Haftkraft

In Abb. 4.16 sind die experimentell bestimmten Haftkräfte von mikroskopischen Einzelkristallen auf verschiedenen Oberflächen und Zeitpunkten dargestellt.

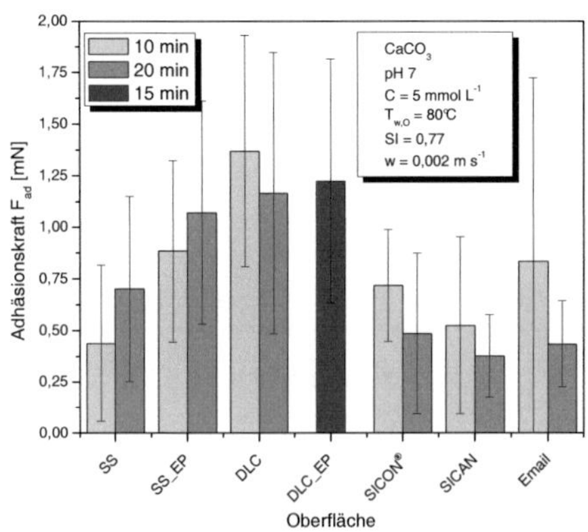

Abb. 4.16 Adhäsionskräfte von mikroskopischen Einzelkristallen auf verschiedenen Oberflächen beim Kristallisationsfouling [*Mayer, 2012b*]

Die Kristalle wurden, wie in Kap. 3.3.3 beschrieben, bei sehr geringen Strömungsgeschwindigkeiten bzw. vernachlässigbarer Abtragung hergestellt. Eine Verteilung der Haftkraft über der Grenzfläche zwischen Kristall und Oberfläche A_{cs} kann aufgrund der großen Standardabweichungen angenommen werden. Aufgrund des statistischen Verhaltens der Einzelkristalle wurden daher auch Kristalle vermessen, die bei üblichen Strömungsgeschwindigkeiten auf der Oberfläche haften. Die relativ große Streuung der Adhäsionskräfte ist dabei vermutlich durch die unterschiedlichen Bildungsbedingungen der Kristalle verursacht. Im Fall von Calciumcarbonat wurden keine kristallinen Reste auf den Oberflächen nach den Abschervorgängen (exemplarisch in Abb. 3.9 dargestellt) festgestellt. Die Haftkräfte konnten daher im Fall von $CaCO_3$ Adhäsionsmechanismen bzw. Adhäsionskräften zugeordnet werden. Die gemessenen Adhäsionskräfte lagen dabei im Größenordnungsbereich $0 - 10^{-3}$ N, wobei in manchen Fällen die Kristalle so schwach hafteten, dass mit den eingesetzten Federtischen keine Auslenkung und folglich keine Haftkraft feststellbar war. Die gemessenen Einzelkristallflächen aus den REM-Aufnahmen – ebenso wie bei den Flächenmessungen in Abb. 4.11 (a) handelte es sich hierbei um die Aufsicht von oben – sind in Abb. 4.17 für die entsprechenden Oberflächen und Zeiten dargestellt. Auch hier ist die bereits bei den Adhäsionskräften festgestellte Streuung bzw. Verteilung des Wachstums zu erkennen. Im Mittel wuchsen die Kristalle, wie zu erwarten war, über der Zeit an. Wichtig hierbei, wie in Abb. 4.11 (a), ist die Feststellung, dass es sich bei A_c nicht um die gesamten Flächen der Einzelkristalle, sondern um die Projektionsfläche, welche die REM-Aufsicht lieferte, handelt.

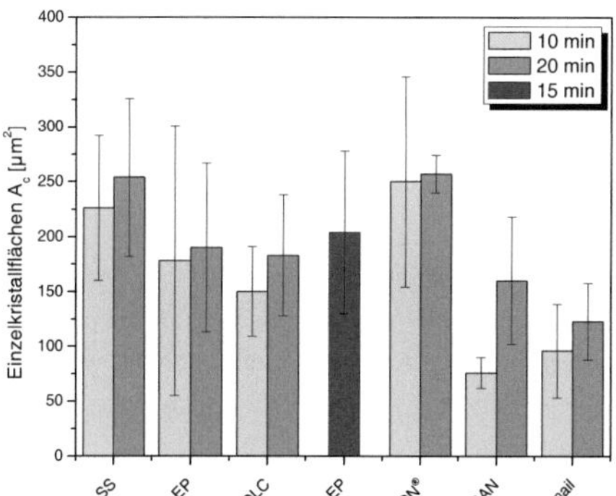

Abb. 4.17 Einzelkristallflächen der REM-Aufsicht der Einzelkristalle aus Abb. 4.16

In der folgenden Abb. 4.18 sind die mit Gl. (2.14) unter Verwendung der Adhäsionskräfte aus Abb. 4.16 berechneten Kontakt- bzw. Grenzflächen zwischen Kristallen und Wärmeübertrageroberfläche A_{cs} dargestellt. Diese sind direkt proportional zu den Adhäsionskräften ($A_{cs} \sim F_{ad}$). Der minimale Abstand in Gl. (2.14) wurde gewählt zu $D_0 = 0{,}3$ nm [*Butt, 2010*]. Bei der Berechnung wurden entsprechende Literaturwerte verwendet [*Butt, 2010*]. Hierbei wurden die Hamaker-Konstanten A_H für die DLC-Beschichtungen (DLC und DLC_EP) sowie für die emaillierte Oberfläche (Email) mit Gl. (4.10) und für die übrigen Oberflächen mit Gl. (4.9) berechnet.

$$A_{H,1} \approx \sqrt{A_{H,metal} \cdot A_{H,CaCO_3}} = \sqrt{4 \cdot 10^{-19}\,\mathrm{J} \cdot 2{,}4 \cdot 10^{-19}\,\mathrm{J}} = 3{,}1 \cdot 10^{-19}\,\mathrm{J} \tag{4.9}$$

$$A_{H,2} \approx \sqrt{A_{H,fusedquartz} \cdot A_{H,CaCO_3}} = \sqrt{6{,}5 \cdot 10^{-20}\,J \cdot 2{,}4 \cdot 10^{-19}\,J} = 1{,}25 \cdot 10^{-19}\,J \qquad (4.10)$$

Die Annahme bei der Berechnung, dass Van-der-Waals Kräfte maßgeblich die Haftkraft bestimmen, wird durch die Größenordnung der Grenzflächen A_{cs} von ~ 10^{-12} m^2 bekräftigt. Hierbei muss jedoch beachtet werden, dass eine Abnahme der mittleren Grenzflächen über der Zeit, wie in Abb. 4.18 für die amorphen Kohlenstoffbeschichtungen und Email zu sehen ist, unwahrscheinlich ist. Da die Grenzflächen nicht direkt messtechnisch erfasst werden konnten, entsprachen diese dem Verlauf der Adhäsionskräfte. Die Bestimmung der Kontaktfläche A_{cs} mittels Mikro-Computertomographie (µ-CT) kann in zukünftigen Studien helfen, die gefundenen Ergebnisse zu validieren.

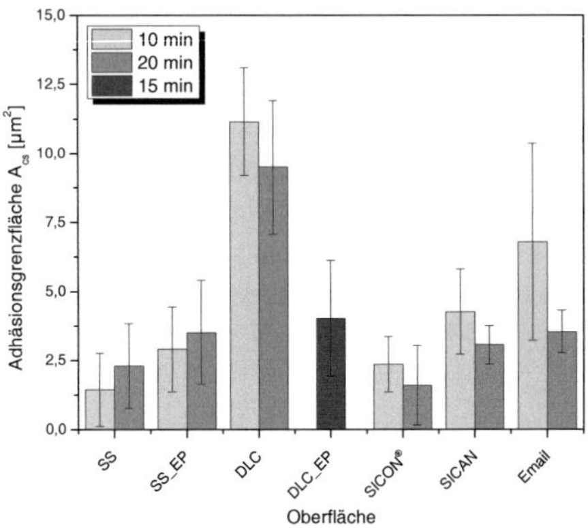

Abb. 4.18 Adhäsionsgrenzflächen von Einzelkristallen auf verschiedenen Oberflächen und zu unterschiedlichen Zeitpunkten

Bei der Bildung der Grenzflächenverhältnisse A_c/A_{cs} in Analogie zur Approximation in Kap. 4.2.3 wurde gefunden, dass diese proportional zur Adhäsionskraft F_{ad} sind. In Abb. 4.19 sind die Adhäsionskräfte über den ermittelten Grenzflächenverhältnissen von Einzelkristallen beim Kristallisationsfouling für die eingesetzten Oberflächen und untersuchten Zeitpunkte dargestellt. Die Adhäsionskraft fiel dabei unabhängig von Oberfläche und Zeitpunkt mit zunehmendem Grenzflächenverhältnis. Der Verlauf konnte mit folgendem Modell beschrieben werden, wobei der Vorfaktor (k_{IV} = 0,0358 N) als systemspezifischer Koeffizient und der Exponent (k_V = 0,86) als systemspezifische Dimension gedeutet werden können:

$$F_{ad} \approx k_{IV} \left(\frac{A_c}{A_{cs}} \right)^{-k_V} \qquad (4.11)$$

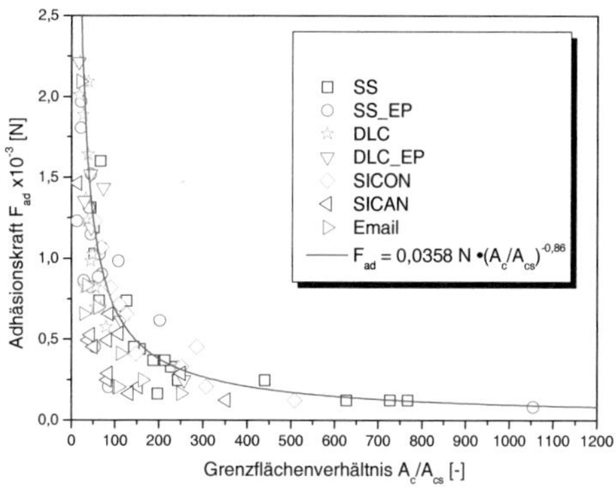

Abb. 4.19 Adhäsionskräfte von Calciumcarbonat Mikrokristallen über Grenzflächenverhältnis beim Kristallisationsfouling

Die bestimmten Grenzflächenverhältnisse lagen entsprechend Abb. 4.17 und Abb. 4.18 im Größenordnungsbereich $10^1 - 10^3$. Der oben gefundene Zusammenhang lässt die Schlussfolgerung zu, dass die Adhäsionskraft beim Kristallisationsfouling dynamisch ist, wenn die Grenzfläche von Kristall zu Flüssigkeit (A_{cl} bzw. A_c) stärker wächst als die Grenzfläche von Kristall zu Wärmeübertrageroberfläche (A_{cs}). Dies ist physikalisch plausibel, da das Kristallvolumen in die Flüssigkeit hinein stärker wächst als die Kontaktfläche A_{cs}. Bei dieser Überlegung muss angenommen werden, dass die hier betrachtete Einzelkristallfläche aus der REM-Aufsicht proportional zur Flüssigphasengrenzfläche ($A_c \sim A_{cl}$) ist.

Die mikroskopischen Einzelkristalle bei den Haftmessungen in Abb. 3.9 entsprechen dem Kristallisationsfouling in der Induktionsphase in Abb. 2.11. In Analogie zum vorherigen Kapitel ist es wahrscheinlich, dass bei ansteigender Strömungsgeschwindigkeit zunächst die schwächer haftenden und später bei sehr hohen Strömungsgeschwindigkeiten die stärker haftenden Einzelkristalle abgetragen werden können. Im Fall der untersuchten Calciumcarbonat-Kristalle lagen Adhäsionskräfte bei den Abschervorgängen vor, so dass die Abtragwahrscheinlichkeit gemäß Gl. (2.26) unter Verwendung der Weibull-Parameter aus Abb. 4.15 und Gl. (4.11) für die entsprechenden Kräfte- und Grenzflächenverhältnisse berechnet werden kann. In Abb. 4.20 ist die Abtragwahrscheinlichkeit für die Adhäsion von $CaCO_3$-Einzelkristallen in Abhängigkeit der Kräfte- und Grenzflächenverhältnisse exemplarisch dargestellt.

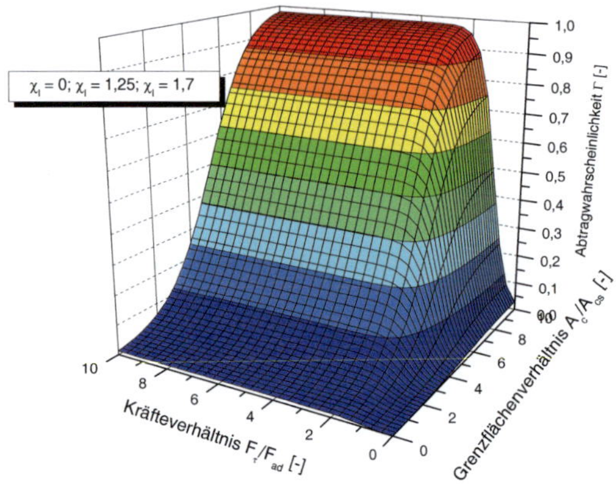

Abb. 4.20 Approximierte Abtragwahrscheinlichkeit für die Adhäsion von $CaCO_3$-Mikrokristallen über Kräfte- und Grenzflächenverhältnissen mittels Gln. (2.26) und (4.10)

In Abb. 4.20 ist dabei der flächenmäßige Verlauf nur bis zu einem Grenzflächenverhältnis bis 10 und einem Kräfteverhältnis bis 10 aufgetragen, um den Anstieg der Abtragwahrscheinlichkeit bei geringen Werten darzustellen. Für ein zunehmendes Grenzflächenverhältnis nimmt die Steigung der Abtragwahrscheinlichkeit über dem Kräfteverhältnis zu. Bei konstantem Grenzflächenverhältnis würde eine weitere Erhöhung des Kräfteverhältnisses über 2 keine Erhöhung der Abtragwahrscheinlichkeit bewirken. Ab einem Grenzflächenverhältnis von 10 und einem Kräfteverhältnis von 2 liefert das Modell eine Abtragwahrscheinlichkeit von ~ 95%. Dies entsprach bei der Untersuchung der Abtragung von Gipsmasse einem Grenzflächenverhältnis von ~ 10^6 bei Fouling durch Calciumsulfatdihydrat auf SICAN über einen Versuchszeitraum von 24 h. Aufgrund der extremen Differenzen, die bei verschiedenen untersuchten Systemen und Versuchszeiträumen auftreten (vgl. Abb. 4.15), kann die Abtragwahrscheinlichkeit unter Verwendung derselben Weibull-Parameter lediglich angenommen werden. Generell gilt für die Formulierung von Abtragwahrscheinlichkeiten, dass diese nur auf das entsprechende Wachstum im Versuchszeitraum bezogen werden können. Bei höheren Strömungsgeschwindigkeiten erhöht sich die Abtragwahrscheinlichkeit für eine Grundgesamtheit an Einzelkristallen aufgrund des statistischen Verhaltens. Für die reduzierte Fraktion der haftenden Kristalle ist die Abtragwahrscheinlichkeit hingegen auch bei erhöhten Strömungskräften gering. Der Verlauf der Abtragwahrscheinlichkeit ist aufgrund konstant angenommener Weibull-Parameter vergleichbar mit der massebasierten Abtragwahrscheinlichkeit in Abb. 4.15 nach Gl. (4.8). Die Skalierbarkeit der Weibull-Abtragwahrscheinlichkeit unter Einsatz sinnvoller Parameter muss weiterhin untersucht werden. Der Zusammenhang verdeutlicht, dass bei dem untersuchten System mit sehr geringen Strömungsgeschwindigkeiten ($w = 0{,}002$ m s^{-1}; $F_\tau \rightarrow 0$ N) die Streuung der gemessenen Adhäsionskräfte sowie der bestimmten Grenzflächen relativ breit war. Aus Abb. 4.20 wird außerdem klar, dass ein Kristall mit einer größeren Kontaktfläche zum Wärmeübertrager als zum Scherfluid ($A_{cl}/A_{cs} < 1$), wie es etwa bei Kristallen, die in Rissen und Vertiefungen gewachsen sind, wahrscheinlich nicht abgetragen wird. Da die Abtragwahrscheinlichkeiten in Abbn. 4.15 und 4.20 lediglich approximiert sind und somit halbempirischen Charakter haben, ist es wahrscheinlich, dass die

Weibullparameter der Wahrscheinlichkeitsfunktion verteilt sind. Diese Verteilungen sind unbekannt, die erarbeiteten Werte können jedoch für eine A-posteriori-Verteilung der Abtragwahrscheinlichkeit verwendet werden. Dabei ist das Augenmerk insbesondere auf Kräfteverhältnisse kleiner als zwei bei ansteigendem Grenzflächenverhältnis zu legen, da in diesem Bereich die Abtragwahrscheinlichkeit signifikant ansteigt. Versuche mit Edelstahl, die bei höheren Strömungsgeschwindigkeiten von 0,1 und 0,2 m s^{-1} mit Versuchsanlage 1 durchgeführt wurden, zeigten Haftkräfte von Gips im Bereich von 1 – 3 mN. Generell kann bei höheren Strömungsgeschwindigkeiten von einer Zunahme der Abtragung durch kohäsiven Bruch ausgegangen werden, da die am Einzelkristall angreifenden Strömungskräfte, statistisch betrachtet, häufiger kohäsive Kräfte überwinden.

Die gemessenen Haftkräfte von Calciumsulfatdihydrat auf verschiedenen Oberflächen lagen ebenso wie bei $CaCO_3$ im Bereich von 0 – 10^{-3} N. Hierbei wurden allerdings bei einigen Messungen nach dem Abschervorgang kristalline Reste auf den Oberflächen nachgewiesen. Dies deutet auf einen kohäsiven Bruch der Gipskristalle durch die Krafteinwirkung der Mikromanipulator-Spitze hin. In Abb. 4.21 ist dies exemplarisch für einen Foulingversuch mit $CaSO_4$ mit einer Versuchsdauer von 2 h und einer Strömungsgeschwindigkeit von 0,1 m s^{-1} dargestellt.

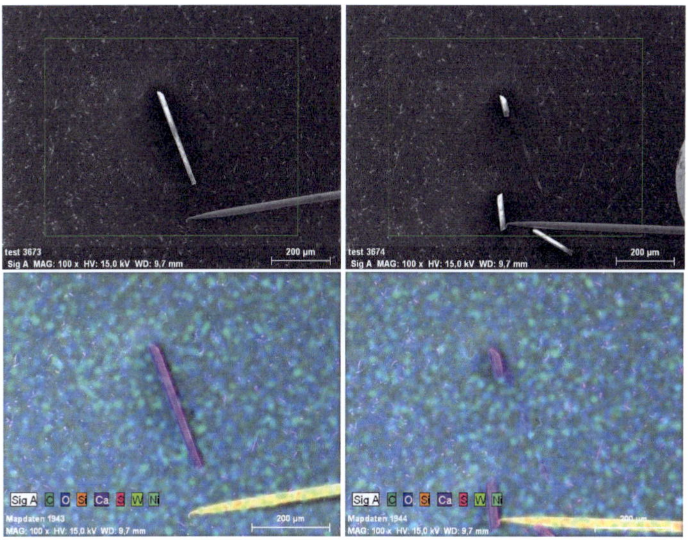

Abb. 4.21 REM-Bilder (obere Reihe) und EDX-Aufnahmen (untere Reihe) vor und nach einer Haftkraftmessung eines Calciumsulfatdihydrat-Kristalls auf DLC

In Abb. 4.21 in der oberen Bildreihe ist nach dem Abschervorgang ein kristalliner Rest auf der Oberfläche zu erkennen, der durch EDX-Aufnahmen in der unteren Bildreihe als Calciumsulfat bestätigt wurde. Das Verhältnis der Kristallrückstände auf der Oberfläche zu der REM-Aufsicht in Abb. 4.21 beträgt ca. 1,67, wobei die Bruchfläche A_{cc} ~ 3000 μm^2 und die Kristallfläche aus der REM-Aufnahme A_c ~ 5000 μm^2 betragen. Die verbliebene Bruchfläche A_{cc} in Abb. 4.21 zeigt zudem, dass die bei den Haftkraftmessungen mit kohäsivem Bruch der Einzelkristalle wesentlich größer ausfallen konnte als die in Abb. 4.18 für Calciumcarbonate-Kristalle berechneten adhäsiven Grenzflächen A_{cs}.

Die wesentlich geringere Festigkeit der Gipskristalle gegenüber der Mikromanipulator-Spitze – einer Legierung aus Silizium, Wolfram und Nickel – im Gegensatz zu den oben betrachteten Calcit-Kristallen lässt den Schluss zu, dass manche Gipskristalle von der Mikromanipulator-Spitze durchgebrochen wurden. Die absolute bzw. Schleifhärte nach Rosiwal beträgt für Gips 1,25 und für Calcit 4,5 (Diamant: 140.000) [*Mineralienatlas, 2012*]. Obwohl ein Durchbruch von Gipskristallen bei den Haftkraftmessungen in manchen Fällen durch den Mikromanipulator festgestellt wurde, kann die in Kap. 4.2.3 verwendete allgemeine Haftkraft F_H ohne Trennung von Adhäsion und Kohäsion für das untersuchte Calciumsulfat-Fouling nicht ausgeschlossen werden. Neben den oben betrachteten Van-der-Waals Kräften ist es auch möglich, dass die Haftung beim Kristallisationsfouling zudem durch mechanische Verankerung der Kristalle in der Oberflächenrauheit sowie durch chemische Bindung oder elektrostatische Wechselwirkungen hervorgerufen wird. Auf eine geringere mechanische Verankerung der Foulingschicht auf elektropoliertem Edelstahl (SS_EP) im Vergleich zu unbehandeltem Edelstahl (SS) weisen die Verläufe der thermischen Foulingwiderstände in der Schichtwachstumsphase in Abb. 4.5 hin.

4.3.2 Einfluss der Oberflächentopographie

Hier wird der Einfluss der Oberflächentopographie unter Verwendung der Modellgleichung Gl. (2.22) auf das Kristallisationsfouling untersucht. Die Rauheit nach Gl. (3.10) der verschiedenen Oberflächen sowie der entsprechende Oberflächenvergrößerungsfaktor S_{dr} nach Gl. (3.11), die nach Kap. 3.4.1 mittels AFM vermessen wurden, sind in Abb. 4.22 dargestellt. Wie erwartet, waren die Rauheitswerte für die elektropolierten Oberflächen (SS_EP) und DLC_EP) sowie für die emaillierte Oberfläche (Email) relativ niedrig. Die übrigen nicht geglätteten Oberflächen lagen im Bereich von 150 – 350 nm für die mittlere quadratische Rauheit. Die prozentualen Oberflächenvergrößerungen gegenüber der idealen ebenen Oberfläche lagen zwischen 0,1 und 1,75%; dabei wiesen SS_EP und Email die geringsten Werte auf. Die Werte liegen in guter Übereinstimmung mit den Untersuchungen zum Kristallisationsfouling von Geddert [*Geddert, 2009a*] und Albert [*Albert, 2010*].

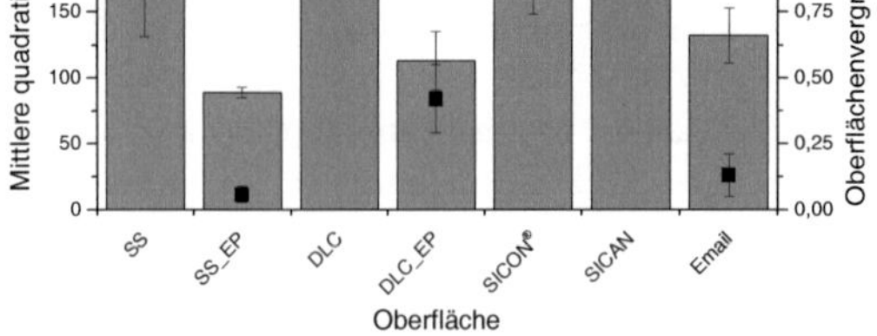

Abb. 4.22 Mittlere quadratische Rauheit und Oberflächenvergrößerungsfaktor der eingesetzten Oberflächen [*Mayer, 2012b*]

Das Modell zur Adhäsionskraft von Rabinovich [*Rabinovich, 2000a*] gemäß Gl. (2.22) wurde unter Verwendung der ermittelten Oberflächenrauheit für eine Verwendung beim Kristallisationfouling überprüft, indem alle Modellparameter sowie die gemessenen mittleren Adhäsionskräfte aus Abb. 4.16 eingesetzt und die entsprechenden Hamaker-Konstanten A_H berechnet wurden [*Mayer, 2012b*]. Als mittlere Oberflächenwelligkeit d wurden aus den AFM-Messungen ein mittlerer Wert von 25 µm bestimmt. Desweiteren wurde anstelle des Partikelradius R die charakteristische Länge der REM-Aufsicht zu $A_c^{0,5}$ aus Abb. 4.17 eingesetzt. Bei Übereinstimmung sollten die Werte im Größenordnungsbereich der berechneten Hamaker-Konstanten nach Gl. (2.15) liegen, da die Messungen im Vakuum und im getrockneten Zustand durchgeführt wurden:

$$A_H = \frac{6 \cdot D_0^2 \cdot F_{ad}}{R} \cdot \left[\left(1 + \frac{32 \cdot R \cdot k_1 \cdot S_q}{d^2}\right) + \left(1 + \frac{k_1 \cdot S_q}{D_0}\right)^2 \right] \tag{4.12}$$

Hierbei wurden die DLC-Beschichtungen (DLC und DLC_EP) sowie die emaillierte Oberfläche (Email) mit dem Werte aus Gl. (4.10) und die übrigen Oberflächen mit Gl. (4.9) verglichen. In Abb. 4.23 sind die nach Gl. (4.12) berechneten Hamaker-Konstanten für die verschiedenen Oberflächen und Zeitpunkte dargestellt. Ein Vergleich mit den Werten aus Gln. (4.9) und (4.10) zeigt, dass das Modell gemäß Gl. (2.22) für mikroskopische Einzelkristalle beim Kristallisationsfouling nur über einen Korrekturfaktor anwendbar ist, da die gemessenen Hamaker-Kontanten um den Faktor 10^2 zu groß waren. Der Proportionalitätsfaktor k_1 könnte hierbei ebenfalls entsprechend angepasst werden. Bemerkenswert war, dass die Werte für die Edelstahloberflächen (SS und SS_EP) über der Zeit nahezu konstant waren. Eine zusätzliche Krafteinwirkung durch Rollreibung wurde bei den Haftkraftmessungen nicht beobachtet. Da das Modell von Rabinovich für Nanopartikel und im Vergleich zu den untersuchten Oberflächen für eine sehr geringe Rauheit gültig ist, [*Rabinovich, 2000b*] muss es folglich für das Kristallisationsfouling mit Mikrokristallen angepasst werden. Zudem ist die oben vorgestellte charakteristische Länge vermutlich nicht für einen Einsatz in Gl. (2.22) als Partikelradius geeignet.

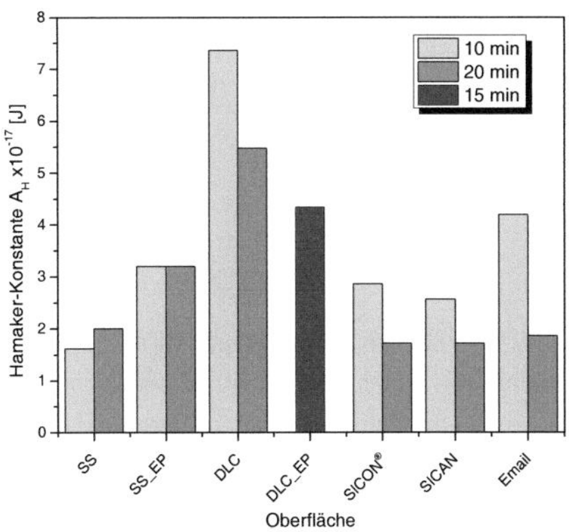

Abb. 4.23 Berechnete Hamaker-Konstanten nach Gl. (4.12) [*Mayer, 2012b*]

4.3.3 Einfluss der freie Oberflächenenergie

Aus den oben präsentierten Messergebnissen und den angestellten Modellrechnungen geht hervor, dass eine mögliche Van-der-Waals'sche Haftkraft beim Kristallisationsfouling nicht alleine durch die Oberflächentopographie beeinflusst wird. Im Folgenden wird daher der Einfluss der Oberflächenenergie untersucht und die entsprechenden Ergebnisse vorgestellt. Die in Kap. 4.3.1 vorgestellte Abhängigkeit der Adhäsionskraft vom Grenzflächenverhältnis bei Mikrokristallen lässt auf einen Zusammenhang mit der Dupré Adhäsionsarbeit gemäß Gl. (2.18) für zwei Festkörper, die eine Grenzfläche miteinander bilden, schließen. Zur Berechnung der Adhäsionskraft nach Dupré unter Einsatz von Gl. (2.18) in Gl. (2.20) mussten die beteiligten Grenzflächenenergien bestimmt bzw. abschätzend berechnet werden. In Abb. 4.24 sind die nach Kap. 3.4.2 gemessenen freien Oberflächenenergien der eingesetzten Platten mit polaren und dispersen Anteilen nach Gl. (3.14) sowie die entsprechenden Grenzflächenenergien zu Wassertropfen dargestellt.

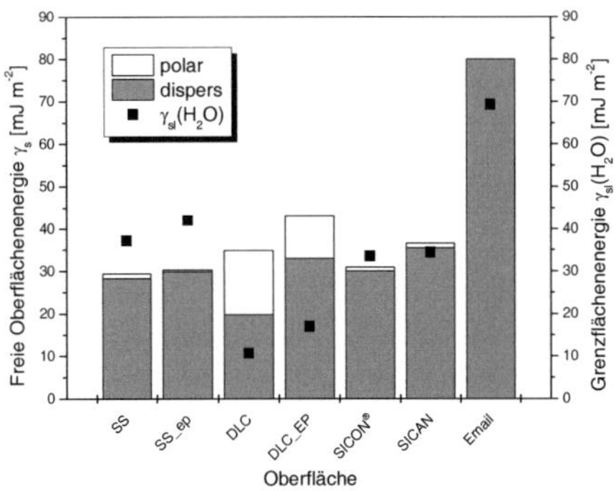

Abb. 4.24 Freie Oberflächenenergien und Grenzflächenenergien zur Flüssigphase der eingesetzten Versuchsplatten [*Mayer, 2012b*]

Die freie Oberflächenenergie der Calcitkristalle wurde nach [*Santhanam, 1968*] angenommen zu γ_c = 140 mJ m^{-2} und die Grenzflächenenergie γ_{cs} wurde nach Gl. (2.19) berechnet. Wie oben erklärt, wurde die Adhäsionsarbeit mit Hilfe der Grenzflächenenergien bestimmt und durch Einsetzten von Gl. (2.20) in Gl. (2.22) nach der Hamaker-Konstanten aufgelöst:

$$A_H = 12 \cdot \pi \cdot D_0^2 \cdot (\gamma_s + \gamma_c - \gamma_{cs}) \cdot \left[\left(1 + \frac{32 \cdot R \cdot k_1 \cdot S_q}{d^2}\right) + \left(1 + \frac{k_1 \cdot S_q}{D_0}\right)^2 \right] \tag{4.13}$$

Die mit Gl. (4.13) berechneten Hamaker-Kontanten sind in Abb. 4.25 dargestellt. Die Werte lagen nun im selben Größenordnungsbereich, wie die in Gl. (4.9) und (4.10) berechneten Werte. Während die Oberflächen DLC und Email nahe bei dem entsprechenden Wert von Gl. (4.10) lagen, waren die Werte von DLC_EP sowie die übrigen Platten näher am Wert von Gl. (4.9). Da die Kristalle beim Kristallisationsfouling, anders als beim Partikelfouling, nicht nur punktuell sondern flächig anhaften, ist es plausibel, dass die Adhäsionskraft stärker als bei Partikeln von der freien Oberflächenenergie beeinflusst wird. Da jedoch die Oberflächentopographie die freie Oberflächenenergie γ_s und somit auch die Grenzflächenenergie γ_{cs} beeinflusst, muss zusätzlich ein Rauheitseinfluss vorliegen.

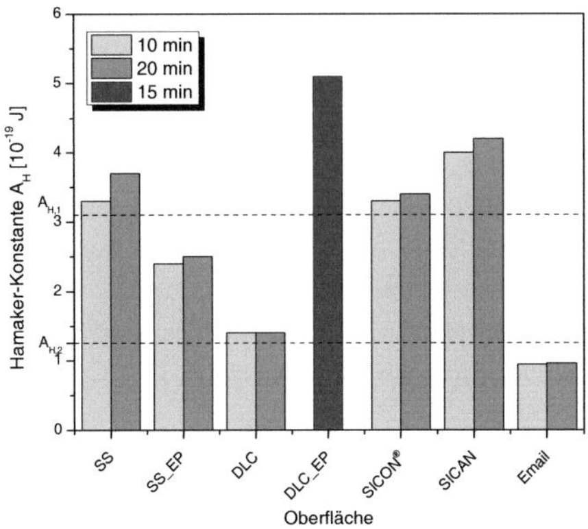

Abb. 4.25 Berechnete Hamaker-Konstanten nach Gl. (4.13) [*Mayer, 2012b*]

Es wurde ein Modellierungsversuch unternommen, um beide Einflüsse – die Oberflächenrauheit und die freie Oberflächenenergie mit den gemessenen Adhäsionskräften zu korrelieren. Dazu wurde, wie in Abb. 4.26 dargestellt, der Koeffizient k_{IV} aus Abb. 4.19 über dem Produkt aus polarem Anteil der freien Oberflächenenergie und der mittleren quadratischen Rauheit als ein Oberflächenkoeffizient aufgetragen. Der Modellierungsansatz aus Gl. (4.11) konnte mit dem gefundenen Zusammenhang erweitert werden, wobei der Exponent zu $k_{VI} = 0{,}15$ verwendet wurde:

$$F_{ad} \approx \left(\gamma_s^{pol} S_q\right)^{k_{VI}} \left(\frac{A_c}{A_{cs}}\right)^{k_V} \tag{4.14}$$

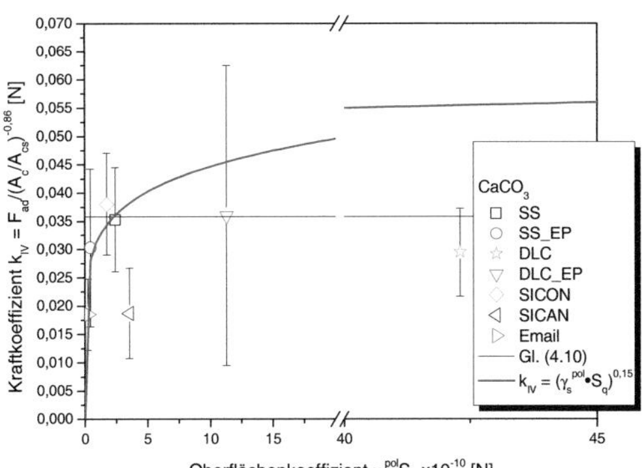

Abb. 4.26 Modellierung des Adhäsionskraftkoeffizienten aus Gl. (4.11) durch Regression über dem Oberflächenkoeffizient für die Adhäsion von Mikrokristallen und Grenzflächenverhältnissen bis 10^3

Ein möglicher modelltechnischer Vorteil von Gl. (4.14) gegenüber Gl. (4.11) ist die Einbindung von charakteristischen Oberflächenparameter (mittlere quadratische Rauheit und polarer Anteil der freien Oberflächenenergie) in das Modell für die Haftung von Einzelkristallen beim Kristallisationsfouling. Die zeitliche Entwicklung des Grenzflächenverhältnisses A_c/A_{cs} sowie die relativ große Standardabweichung bei DLC_EP weisen zudem auf eine Zeitabhängigkeit von k_{IV} bzw. k_V hin. Während die Werte in Abb. 4.26 für Grenzflächenverhältnisse bis 10^3 von Mikrokristallen auf verschiedenen Oberflächen im Mittel gut am modellierten Wert nach Gl. (4.11) liegen, ist bei stärkerem Wachstum insbesondere bei Aggregation und Schichtbildung ein ausgeprägteres dynamisches Verhalten der Adhäsionskraft zu erwarten. Eine weitere Problematik bei der Modellierung nach Abb. 4.26 ist, dass die Grenzflächenenergien makroskopisch bestimmt wurden und mikroskopisch lokal durchaus topographische und energetische Divergenzen der Oberflächen auftreten können, die die Haftung des entsprechenden Einzelkristalls beeinflussen. Es bleibt zu überprüfen, inwiefern eine modelltechnische Approximation der Haftkräfte bei der Aggregation wachsender Kristalle bei der Schichtbildung etwa durch Summierung aller beteiligten ursprünglichen Einzelkristalle möglich ist.

Die oben vorgestellten Ergebnisse der Untersuchung der Haftung von mikroskopischen Einzelkristallen auf verschiedenen Oberflächen mit unterschiedlicher mittlerer quadratischer Rauheit und freien Oberflächenenergien lassen die Schlussfolgerung zu, dass beim Kristallisationsfouling Van-der-Waal'sche Adhäsionskräfte wirken. Insbesondere bei $CaCO_3$-Kristallen konnten die Ergebnisse mit den gängigen Modellen zur Festkörperhaftung beschrieben werden. Das Adhäsionsmodell für die Haftung von zwei flachen Festkörpern gemäß Gl. (2.14) lieferte unter Verwendung geeigneter Werte für die Hamaker-Konstante plausible Werte für die Kontakt- bzw. Adhäsionsgrenzfläche A_{cs} im Größenordnungsbereich von ~ 10^{-12} m. Die untersuchten Mikrokristalle entsprachen dabei dem Kristallisationsfouling in frühen Phasen entsprechend der Induktionsphase gemäß Abb. 2.11. Die induktionszeitverlängernden Effekte von modifizierten Oberflächen bei höheren Strömungsgeschwindigkeiten können durch eine reduzierte Haftfestigkeit gemäß Gl. (2.23), die durch die vom Fluid eingetragene Schubspannung überwunden wird, erklärt werden. Durch gezieltes Engineering der Grenzfläche zwischen Kristall und Wärmeübertrager [*Förster, 2001*] A_{cs} kann das Kristallistionsfouling thermodynamisch reduziert werden.

Für die Modellierung und Simulation der Induktionszeit beim Kristallisationsfouling sind die oben erläuterten Zusammenhänge von Haftung und Abtragung kritisch und müssen weiterhin untersucht werden. Da die Entwicklung der Haftkraft unter Berücksichtigung der topographischen und energetischen Einflüsse nur für einen kurzen Zeitraum (20 min) und entsprechende Mikrokristalle abschätzen modelliert werden konnten, wird in der nachfolgenden Modellierung auf das Adhäsionsmodell in Gl. (2.14) zurückgegriffen und von einer konstanten mittleren Adhäsionsgrenzfläche zwischen Kristall und Wärmeübertrageroberfläche ausgegangen. Zum Vergleich in der Simulation wird das Modell nach Gl. (4.11) ebenfalls verwendet.

5 Modellierung und Simulation

Im Folgenden wird eine mechanistische Modellierung der Induktionsphase beim Kristallisationsfouling vorgestellt. Die vorangehenden experimentellen Untersuchungen und ihre Darstellungen wurden einerseits für die Ausstattung sinnvoller Parameter der Submodelle sowie zur Überprüfung der Modelle genutzt. Die Modellierung setzt sich dabei aus mehreren Submodellen, die interagieren, sowie einem Kernmodell als Richtgröße zusammen. Die Submodelle wurden den verschiedenen Foulingmechanismen, die innerhalb der Foulingstadien Initialisierung, Transport, Ablagerung und Abtragungen wirken, zugeordnet. Es wurde davon ausgegangen, dass Alterungsprozesse in der Induktionsphase beim Kristallisationsfouling einen vernachlässigbaren Einfluss ausüben und daher wurden diese nicht berücksichtigt. Nach einer einführenden theoretischen Untersuchung der Induktionsphase und Erklärungen der auftretenden Effekte sowie der Randbedingungen wird die mechanistische Modellierung synthetisiert. Es wird anschließend ein Berechnungsschema vorgestellt sowie simulierte Ergebnisse für die Induktionszeit und den Foulingwiderstand präsentiert. Die Simulation wird zudem einer Parameteranalyse und einer Fehlerbetrachtung unterzogen.

5.1 Analyse der Induktionsphase

Die verschiedenen Mechanismen, die in der Induktionsphase wirken, wurden in den Grundlagen sowie in den experimentellen Ergebnissen erläutert. Im Hinblick auf eine mechanistische Modellierung wird daher im Folgenden erörtert, mit welchem Verhalten der Einzelmechanismen zu rechnen ist, wenn die Induktionsphase, wie in Abb. 2.10 dargestellt, einen bestimmten Verlauf nimmt. Es wurden daher grundlegende Überlegungen zum Verhalten der beiden Wärmedurchgangswiderstände $1/\alpha$ und x/λ für die Induktionsphase angestellt und die entsprechenden Modelle vorgestellt. Bei den gemessenen thermischen Foulingwiderständen wurde meistens ein Verlauf der Induktionsphase entsprechend Abb. 2.10 (c) festgestellt. Dabei wurde die durch negative thermische Foulingwiderstände geprägte rauheitskontrollierte Phase durch verschiedene Autoren [*Crittenden, 1988; Albert, 2011*] mit einem Anstieg des Wärmeübergangskoeffizienten α erklärt. In der Folge wird der Wärmestrom erhöht und die Wandtemperatur sinkt bzw. der thermische Foulingwiderstand wird negativ. Anhand der experimentellen Betrachtungen oben muss davon ausgegangen werden, dass dabei signifikantes Kristallisationsfouling stattgefunden hat, das zu den von Albert [*Albert, 2011*] beschriebenen Rauheits- und Einschüreffekten auf die Strömung führt. Aus dem Vergleich mikroskopischer Aufnahmen von befoulten Oberflächen in der Induktionsphase zeigte sich, dass bereits Mikrokristalle in diesem Zeitraum auf der Oberfläche anhaften. Für eine Ablagerung von Foulingmasse spätestens mit Beginn der rauheitskontrollierten Phase spricht zudem der von Albert gemessene und simultan einsetzende Anstieg des Druckverlustes. Für den fluiden Wärmeübergang müssen sich daher zwei wesentliche Effekte bei konstantem Volumenstrom auswirken: 1. die zunehmende Rauheit und die damit verbundene Erhöhung der Turbulenz und 2. die Querschnittsverengung bzw. die Reduzierung des hydraulischen Durchmessers und die resultierende Erhöhung der Strömungsgeschwindigkeit. Sofern die Abtragwahrscheinlichkeit nach Gl. (2.26), die Ablagerungsrate nach Gl. (2.10) und die Anzahl an Einzelkristallen N größer als Null sind, muss ein Modell für den Wärmeübergangskoeffizient einen über der Zeit ansteigenden Wert anzeigen. Der fluide Widerstand $1/\alpha$ nimmt ab, wenn der Wärmeübergangskoeffizient zunimmt. Es liegt demnach nahe, den Wärmeübergangskoeffizienten in

Abhängigkeit des Kristallwachstums zu modellieren. Ein halbempirisches Modell von Scholl und Augustin [*Scholl, 2006*] gibt den Wärmeübergangskoeffizienten in Abhängigkeit vom Bedeckungsgrad θ nach Gl. (2.35) an:

$$\alpha_f = \alpha_0 \left(1 + a\theta^b \exp(c\theta)\right) \tag{5.1}$$

Der Bedeckungsgrad wächst mit zunehmender Ablagerung auf der Oberfläche an ($A_{bed}(t) \sim m_f$), wobei das Modell in Gl. (5.1) einen maximalen Wert bei einem bestimmten Bedeckungsgrad in Analogie zum Minimum des thermischen Foulingwiderstandes in der rauheitskontrollierten Phase liefert. Für einen entsprechend größeren Bedeckungsgrad liefert das Modell ebenfalls gemäß dem Verlauf des thermischen Foulingwiderstandes sinkende Werte für den Wärmeübergangskoeffizient (s. [Geddert, 2009a]). Die Modellparameter a, b und c müssen für den jeweiligen Fall angepasst werden. Dieses Modell ist zulässig, wenn man für eine Berechnung isotropes würfelförmiges Wachstum der Foulingschicht bzw. der Einzelkristalle annimmt (vgl. Abb. 2.5). Diese grundlegende Vorstellung wird später bei der Festlegung des Simulations- sowie des Bilanzraums aufgegriffen. Im Gegensatz zur Modellvorstellung des Wärmeübergangskoeffizienten von Albert [*Albert, 2010*] (vgl. Kap. 2.3) ist die Oberfläche in Gl. (5.1) bei vollständiger Bedeckung wieder glatt, während Albert eine gleichmäßig aufwachsende Rauheit annimmt. An dieser Stelle sei auf den Bedeckungsgrad, der hier als Resultat des entsprechenden Foulingvorgangs betrachtet wird, als charakteristische Größe während der Induktionsphase hingewiesen – beispielsweise bei dem Modell von Yang in Kap. 2.2.2 [*Yang, 2012*].

Zur Reduzierung der unbekannten Modellparameter wurde in Anlehnung an die Formulierung der Nusselt-Zahl Nu mit Turbulenz- und Laminaranteil [*VDI-Wärmeatlas, 2006*] (vgl. Gl. (5.3)) ein theoretisches Modell für den Wärmeübergangskoeffizienten in Abhängigkeit des kubischen Mittels von Anfangs-Wärmeübergangskoeffizient α_0 und Nusselt-Zahl im befoulten Zustand Nu_f formuliert:

$$\alpha_f = \sqrt[3]{\frac{1}{2}\left(\alpha_0^3 + \left(\frac{Nu_f \lambda_l}{d_{h,f}}\right)^3\right)} \tag{5.2}$$

Das Modell liefert bei Kristallisationsfouling in der Regel einen ansteigenden Wert, wenn bei abnehmendem hydraulischen Durchmesser d_h sowohl die Nusselt-Zahl als auch die Reynolds-Zahl nicht überproportional abnehmen ($Nu_f \sim Re_f \sim d_{h,f}$). Die Nusselt-Zahl ist dabei nach [*VDI-Wärmeatlas, 2006*] eine Funktion der Reynolds- und der Prandtl-Zahl sowie des hydraulischen Durchmessers. Der fluide Wärmeübergang wurde für laminare Strömung ($Re_f < 2300$) mit Gl. (5.3) und für turbulente Strömung ($Re_f > 10^4$) mit Gl. (5.4) berechnet. Für turbulente Strömung wurde der Reibungskoeffizient zu $\xi = (1.8 \cdot \log_{10}Re - 1.5)^{-2}$ berechnet.

$$Nu_f = \left(4{,}861^3 + \left(1{,}841 \cdot \left(Re_f \cdot Pr \cdot \frac{d_{h,f}}{l}\right)^{1/3}\right)^3\right)^{1/3} \tag{5.3}$$

$$Nu_f = \frac{(\xi/8) \cdot Re_f \cdot Pr}{1 + 12{,}7 \cdot \sqrt{\xi/8} \cdot \left(Pr^{2/3} - 1\right)} \left\{1 + \left(\frac{d_{h,f}}{l}\right)^{2/3}\right\} \tag{5.4}$$

Der Übergangsbereich ($2300 \leq Re_f \leq 10^4$) wurde mit $\varphi = (Re_f - 2300)/(10^4 - 2300)$ entsprechend Gl. (5.5) berechnet.

$$Nu_f = (1 - \varphi) Nu_{f,lam} + \varphi Nu_{f,turb} \tag{5.5}$$

Das Modell in Gl. (5.2) ist plausibel, wenn ein ansteigender fluider Wärmeübergang zugrundegelegt wird. Eine Überprüfung entsprechend der Untersuchungen von Albert [*Albert, 2010*] über rauheitskorrigierte Nusselt-Zahlen-Modelle muss dafür, ebenso wie für Gl. (5.1) noch erfolgen. Da allerdings eine zeitliche Entwicklung der Modellparameter des von Albert vorgeschlagenen Modells aus den eigenen Wachstumsmodellen nicht hinreichend abschätzbar war, wurde für die Modellierung des fluiden Wärmeübergangs beim Kristallisationsfouling Gl. (5.2) verwendet.

Neben einem Anstieg des Wärmeübergangs, der in der Induktionsphase allerdings unterhalb von 50% liegen sollte, da sich in der Regel lediglich Mikrokristalle bilden, muss entgegen der Modellannahme in Gl. (5.1) der Anstieg des thermischen Foulingwiderstands bis über 0 m^2 K W^{-1} am Ende der rauheitskontrollierten Phase auf einen simultanen Anstieg des zusätzlichen Wärmeleitwiderstandes x_f/λ_f zurückgeführt werden. Bei einer gleichmäßigen Oberflächentemperatur und somit gleichen Wachstumsbedingungen kann, wie oben erwähnt, die gebildete Foulingmasse m_f auf die Oberfläche gleichverteilt werden. Der Wärmeleitwiderstand der Foulingschicht mit der Höhe x_f und der Wärmeleitfähigkeit λ_f kann unter Verwendung des Bedeckungsgrads auf den verschmutzten Teil der Oberfläche bezogen werden. Wobei sich sowohl der Bedeckungsgrad θ als auch die Schichthöhe x_f aus der Foulingmasse ableiten lassen. Der Gesamt-Wärmeleitwiderstand kann dann formuliert werden zu:

$$\frac{x}{\lambda} = \frac{x_w}{\lambda_w} + \theta \frac{x_f}{\lambda_f} \tag{5.6}$$

Hierbei sei darauf hingewiesen, dass sich im thermischen Foulingwiderstand nach Gl. (2.32) der Wärmeleitwiderstand der Wärmeübertragerwand x_w/λ_w heraus kürzt. Das Modell für den thermischen Foulingwiderstand kann dann folgendermaßen formuliert werden:

$$R_f = \frac{1}{k_f} - \frac{1}{k_0} = \frac{1}{\alpha_f} + \theta \frac{x_f}{\lambda_f} - \frac{1}{\alpha_0} \tag{5.7}$$

Der massebasierte Foulingwiderstand nach Gl. (2.40) kann ebenfalls über den Bedeckungsgrad angepasst werden:

$$R_f = \theta \frac{m_f}{\rho_f \lambda_f} \cong \theta \frac{x_f}{\lambda_f} \tag{5.8}$$

Im Fall der anderen Verläufe der Induktionsphase gemäß Abb. 2.10 (a) und (b) können für die Initialisierungsphase folgende Annahmen getroffen werden: 1. Es findet nur sehr geringes Wachstum auf der Oberfläche satt, welches keinen messbaren Einfluss auf Druck und Temperatur hat. 2. Die oben vorgestellten Wärmedurchgangswiderstände $1/\alpha$ und x/λ gleichen sich aus und der thermische Foulingwiderstand nach Gl. (5.7) bleibt null. 3. Die Abtragwahrscheinlichkeit nach Gl. (2.26) ist zu Beginn aufgrund sehr hoher Strömungsgeschwindigkeiten ebenfalls groß und in der Folge verbleibt nur wenig Foulingmasse auf der Oberfläche, deren Einfluss nicht messbar ist. Hierbei ist ebenfalls die Dicke der laminaren Unterschicht δ_{lam} zu berücksichtigen, da davon ausgegangen werden kann, dass die rauheitskontrollierte Phase bei voll turbulenter Strömung einsetzt, wenn die Kristalle erstere durchbrechen. Dafür sprechen Ergebnisse von Albert [*Albert, 2010*] und Rizzo [*Rizzo, 2005*], die eine Abnahme der Initialisierungsphase für ansteigende Strömungsgeschwindigkeiten feststellten. Mögliche Einflüsse der heterogenen Keimbildung auf die Initialisierungsphase können an dieser Stelle aufgrund der unzureichenden Detektierbarkeit insbesondere bei höheren Strömungsgeschwindigkeiten nicht quantifiziert werden. Hierbei darf die heterogene Keimbildung, wie in Kap. 4.2.2 erklärt, nicht mit der gemessenen Anzahl an Einzelkristallen, die einer effektiven Keimbildung zugeschrieben wurde ($N \sim B^{eff}$), gleichgesetzt werden. Nach dieser einleitenden Analyse der Induktionsphase wird im folgenden Kapitel die Komplexität der Wirkmechanismen beleuchtet.

5.2 Zusammenwirken der Einzelmechanismen bei der Berechnung von Induktionszeiten

Im Folgenden wird auf das Zusammenwirken der Wirkmechanismen und ihr jeweils zu erwartenden Einfluss auf den thermischen Foulingwiderstand eingegangen. Es wurde dazu eine Hierarchie der Wirkmechanismen aufgestellt und erklärt. Für jeden zu berechnenden Zeitschritt Δt müssen die verschiedenen Einflüsse Keimbildung bzw. Anzahl an Einzelkristallen, Wachstum, Haftung und Abtragung quantifiziert werden. Es wurde somit ein Algorithmus zur Simulation des thermischen Foulingwiderstands aufgestellt, der die Wirkmechanismen der Reihe nach durchläuft und die Berechnung des Foulingfortschritts durch eine zeitdiskrete Rückkopplung ermöglicht. In Abb. 5.1 ist die entsprechende Hierarchie der Wirkmechanismen mit der Rückkopplung dargestellt.

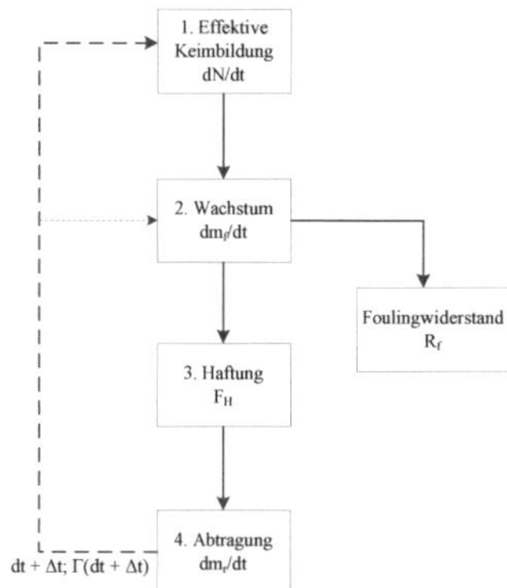

Abb. 5.1 Hierarchie der Wirkmechanismen bei der mechanistischen Modellierung

Als Maß für eine sinnvolle Rückkopplung wurde neben der anwachsenden Zeit ($dt + \Delta t$) die Abtragwahrscheinlichkeit aus dem aktuellen Kräfteverhältnis für den nächsten Zeitschritt zur Gewichtung der Anzahl an Einzelkristallen N und der Foulingmasse m_f verwendet. Aus dem Kristallwachstum können, wie oben beschrieben, der thermische und der massenbasierte Foulingwiderstand nach Gl. (5.7) bzw. Gl. (5.8) berechnet werden. Beide Foulingwiderstände werden direkt vom Foulingprozess bestimmt, wobei die Wachstumsrate nach Gl. (2.10) im Wesentlichen vom Sättigungsindex SI, bzw. von Ionenkonzentration und Oberflächentemperatur bestimmt wird. Der Foulingwiderstand kann somit auch als Schnittstelle von Massen- und Wärmebilanz betrachtet werden. Der Sättigungsindex wird in dieser Arbeit für die Modellrechnung als konstant angenommen ($SI(C_0, T_{w,0}) = const.$). Die in Kap. 4 vorgestellten experimentellen Ergebnisse wurden zudem auch auf einen konstanten Anfangs-Sättigungsindex in ihrer Auswertung bezogen. Der Einfluss des Sättigungsindex auf die Keimbildung ist nach Gl. (2.1) gegeben, dieser konnte jedoch in dieser Modellierung nicht quantifiziert werden. Stattdessen wurde eine konstante Anzahl an signifikanten Einzelkristallen N, welche innerhalb des ersten Zeitschritts generiert wird, verwendet. Dies führt zu einigen komplexen Wechselwirkungen zwischen den identifizierten Einflussparametern aus Kap. 2.2.1 und den

Wirkmechanismen, die im Folgenden betrachtet und für die Modellierung erklärt werden. Wie oben bereits erklärt, bewirkt die Strömungsgeschwindigkeit w hierbei im Wesentlichen zwei Effekte: 1. Einflussnahme auf die Abtragwahrscheinlichkeit nach Gl. (2.26) (~ F_τ) und 2. Einflussnahme auf die Oberflächentemperatur und damit auf die Keimbildungs- und Wachstumsrate(~ SI) und den Wärmeübergang (~ α). Der Einfluss der Strömungsgeschwindigkeit wurde bei der hier vorgestellten Modellierung nur in der Abtragwahrscheinlichkeit, dem Rückkopplungsfaktor des vierten Wirkmechanismus, und dem Wärmeübergang berücksichtigt. Der Einfluss auf das Kristallwachstum wurde durch die zeitlich integrale Mittelwertbildung indirekt berücksichtigt, jedoch nicht explizit quantifiziert.

In Kap. 4.3 wurde ein möglicher Einfluss der Oberflächenrauheit S_q und der freien Oberflächenenergie γ_s bereits ausführlich diskutiert. Da eine zielgenaue Quantifizierung unter Berücksichtigung dynamischen Verhaltens allerdings noch nicht möglich war, wurde auf das Adhäsionsmodell nach Gl. (2.14) für die Platte-Platte-Geometrie zurückgegriffen. Es kann aus den vorangehenden Untersuchungen jedoch geschlossen werden, dass sowohl die Oberflächenrauheit als auch die freie Oberflächenenergie Einfluss auf die Keimbildung und die Haftung beim Kristallisationsfouling nehmen können. Da sich die Auswirkungen, wie etwa eines negativen thermischen Foulingwiderstandes, erst bei höheren Strömungsgeschwindigkeiten und längeren Versuchszeiten bemerkbar machten, wurde auf eine charakteristische Entwicklung der mittleren Grenzflächenverhältnisse gegenüber dem wirkenden Kräfteverhältnis geschlossen. Dieses Grenzflächenverhältnis kann sich je nach Oberfläche und Betriebsbedingungen unterschiedlich entwickeln. Die beiden Oberflächenparameter wurden daher noch nicht explizit in die Modellierung aufgenommen, sondern gemäß Gl. (2.14) als mittlere entwickelte Haftfläche A_{cs} und der entsprechenden Hamaker-Konstanten A_H ausgedrückt. In Abb. 5.2 sind die identifizierten und verwendeten Einflüsse der Einflussparameter auf die in Abb. 5.1 vorgestellte Hierarchie der Wirkmechanismen in Form von Pfeilen dargestellt.

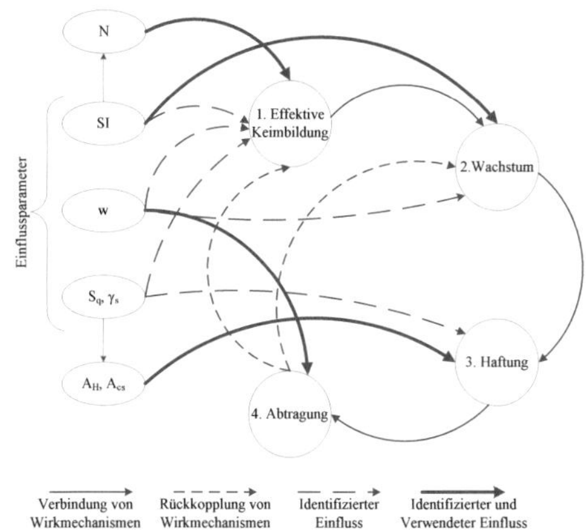

Abb. 5.2 Zusammenwirken der Einflussparameter auf die Hierarchie der Wirkmechanismen: die identifizierten Einflüsse sind durch dünne, gestrichelte Pfeile und die identifizierten und verwendeten Einflüsse sind durch dicke volle Pfeile dargestellt. Die Verbindung der Wirkmechanismen entspricht Abb. 5.1.

Es ist dabei eine gewisse Komplexität der Einflussparameter bei der Berechnung von Induktionszeiten offenkundig, wobei sich alle Effekte der Einflüsse in der Abtragung akkumulieren, welche am Ende eines Zeitschritts Δt den nächsten Berechnungsschritt von Anzahl an Einzelkristallen und Foulingmasse über die Abtragwahrscheinlichkeit gewichtet.

Die oben erklärten Zusammenhänge haben grundlegenden Charakter für die Berechnung des Foulingfortschritts im Allgemeinen und für die Berechnung der Induktionszeit im Besonderen. Bevor der Mechanismus der Modellierung im Detail unter Synthese geeigneter Submodelle sowie eines Kernmodelle vorgestellt wird, soll in den nachfolgenden Unterkapiteln auf das Verhalten des komplexen Zusammenhangs aus Abb. 5.2 hinsichtlich der identifizierten Einflussparameter und weiteren in Kap. 4 festgestellten Einflussfaktoren erörter werden.

5.2.1 Lokales und globales Verhalten

Bei großen Wärmeübertragungsflächen weicht nach Albert [*Albert, 2010*] das integrale Kristallisationsfouling vom lokalen ab. Dies wurde durch die lokale Messung von thermischen Foulingwiderständen belegt, die in einem Doppelrohrwärmeübertrager bei Gegenstromführung von der Länge entlang der Strömungsrichtung abhängig waren. Der große Gradient der Wandtemperatur, der vor allem bei Wärmeübertragern mit einer großen Länge der angeströmten Fläche auftreten kann, verursacht entsprechend lokale Übersättigungen und somit lokales Kristallisationsfouling. Die oben vorgestellten Ergebnisse sowie die nachfolgende Modellierung gelten jedoch nur für annähernd konstante Anfangs-Oberflächentemperaturen bzw. einen konstanten Sättigungsindex. Der oben erläuterte Zusammenhang der Wirkmechanismen und der Einflussfaktoren muss bei signifikant lokal unterschiedlichem Fouling diskretisiert werden und für jeden Flächenabschnitt mit konstanter Oberflächentemperatur angewendet werden. Die lokalen Foulingwiderstände können dann in einer Parallelschaltung zum integralen Foulingwiderstand aufsummiert werden. Dabei muss allerdings eine mögliche Querleitung in der Wärmeübertragerwand in Betracht gezogen werden. Bei einer globalen Produkterwärmung muss der thermische Foulingwiderstand als Einflussgröße für den Gesamtprozess global betrachtet werden.

Ein weiteres Phänomen, das zu lokalem Kristallisationsfouling bei konstanter Oberflächentemperatur führt, ist das in Abb. 4.10 dargestellte verstärkte Wachstum an Rissen und Kanten. Letztere können auf einer glatten Oberfläche zu lokalem Kristallisationsfouling und lokalen thermischen Foulingwiderständen führen. Bei der Formulierung und Anwendung der Modelle ist daher auf eine gleichmäßige Oberflächenbeschaffenheit zu achten.

5.2.2 Überlagerungseffekte

Das in Kap. 5.1 erläuterte Zusammenwirken von fluidem Wärmeübergangswiderstand $1/\alpha$ und Wärmeleitwiderstand x/λ kann vom lokalen Wachstum sowie der lokalen Ausbildung der entsprechenden Grenzflächen- und Kräfteverhältnisse beim Zusammenwachsen der Foulingschicht bzw. der Aggregation von Einzelkristallen beeinflusst werden. Das Kristallisationsfouling kann bei mikroskopischen Einzelkristallen andere Auswirkungen und Eigenschaften entwickeln, wenn diese zu einer größeren zusammenhängenden Schicht aggregieren. Es kommt zu Überlagerungseffekten, bei denen sich lokale Haftkräfte überlagern und die fluide Scherkraft simultan durch die Aggregation auf einer größeren Angriffsfläche wirkt. Ein eindrucksvolles Beispiel sind hierfür die Verläufe des thermischen Foulingwiderstandes von elektropoliertem Edelstahl (SS_EP) in Abb. 4.6, wobei es in der Schichtwachstumsphase zu einem plötzlichen Abriss großer Foulingstücke und folglich zu einem Sägezahnmuster kommt. Diese Effekte können etwa bei DLC-Beschichtungen und hohen Strömungsgeschwindigkeiten auch schon während der Induktionsphase auftreten. Dabei ist klar, dass sich die Abtragwahrscheinlichkeit über der Zeit in Abhängigkeit des Grenzflächen- und Kräfteverhältnisses ändern kann. Die Modellierung berücksichtigt eine zeitabhängige Abtragwahrscheinlichkeit unter Annahme einer konstanten Haftungsfläche A_{cs} als Einfluss- und Inputparameter und einer zeitabhängigen Grenzfläche des Einzelkristalls zur Flüssigkeit A_{cl}. Dabei werden mögliche Effekte einer Aggregation von Einzelkristallen allerdings nicht explizit berücksichtigt, sondern nur sofern dieser Effekt in der in Kap. 4.2.3 vorgestellten massebasierten Abtragwahrscheinlichkeit enthalten ist. Aufgrund der relativ großen Standardabweichung bei den gemessenen Adhäsionskräften in Kap. 4.3 wurden die Haftkraft nach Gl. (2.14) und die Abtragwahrscheinlichkeit nach Gl. (2.26) in der Simulation, die in Kap. 5.6 beschrieben wird, mit einer bestimmten Schwankung, generiert durch Zufallszahlen, gewichtet.

Ein weiterer Überlagerungseffekt ist die in Kap. 4.2.2 festgestellte Abnahme der Anzahl an Einzelkristallen, deren Bildungsrate als effektive Keimbildungsrate bezeichnet werden kann, da diese wachstumsüberlagert ist. Die Abnahme von Einzelkristallen durch Abtragung wird in dieser Modellierung über die Rückkopplung bzw. Gewichtung der Anzahl über die Abtragwahrscheinlichkeit realisiert. Wie oben für den Wirkmechanismus der Haftung beschrieben, werden die mögliche Aggregation und ihr Einfluss auf die Abnahme der Anzahl an messbaren Einzelkristallen nicht berücksichtigt. Aggregation von Einzelkristallen findet dann statt, wenn sich mindestens zwei Kristalle aufgrund ihres Wachstums berühren und zusammenwachsen. Ein geeignetes Maß für die statistische Häufigkeit von Aggregation kann der Bedeckungsgrad gemäß Gl. (2.35) sein.

5.2.3 Dominierende Effekte

Die in 5.1 erläuterten Effekte des Kristallisationsfoulings bzw. der Foulingmasse auf den fluiden Wärmeübergang und die Wärmeleitfähigkeit und der entsprechenden Widerstände innerhalb der Induktionsphase können hinsichtlich dominierender Effekte diskutiert werden, indem die Steigung des thermischen Foulingwiderstandes über der Zeit in der Induktionsphase zugeordnet wird. Gemäß des Verlaufs in Abb. 2.10 (a) kann diesbezüglich keine Aussage über einen dominierenden Widerstand getroffen werden – die Widerstände gleichen sich aus und der thermische Foulingwiderstand bleibt unverändert ($dR_f/dt = 0\ m^2\ K\ W^{-1}$). Es ist demzufolge vorstellbar, dass entgegen der in Kap. 2.2.1 beschriebenen Initialisierungsphase, Kristallwachstum stattfindet und der Druckverlust ansteigt. Für die einsetzende rauheitskontrollierte Phase in Abb. 2.10 (b) und (c) kann hingegen zu Beginn bei negativer Steigung $dR_f/dt < 0\ m^2\ K\ W^{-1}$ ein dominierender Einfluss eines erhöhten Wärmeübergangskoeffizienten α angenommenen werden. In der Modellierung wurde dies über Gl. (5.2) berücksichtigt. Ein detaillierteres Modell ist in Kap. 2.4 aufgeführt. Für einen konstant negativen thermischen Foulingwiderstand dominiert der erhöhte Wärmeübergang aufgrund geringen Wachstums oder geringer Haftung und hoher Abtragung. Bei positiver Steigung des Foulingwiderstandes $dR_f/dt > 0\ m^2\ K\ W^{-1}$ in der rauheitskontrollierten Phase hingegen, ist ein ansteigender Wärmeleitwiderstand durch die Foulingschicht x_f/λ_f verantwortlich, da der fluide Wärmeübergang in der Regel aufgrund zunehmender Rauheit und Strömungsquerschnittverengung weiter steigt und folglich der fluide

Wärmeübergangswiderstand 1/α weiter abnimmt. In dieser Phase müssen die Haftkräfte stark wachsender Kristalle größer sein als die fluiden Scherkräfte.

5.3 Synthese der Modellierung

Wie in Kap. 2.2.2 bereits erklärt, ist es sinnvoll, einen Schwellenwert Λ als Induktionszeitkriterium einzuführen, der folgende Bedingungen erfüllt: (i) Zusammenführung bzw. Verdichtung der komplexen Vorgänge, (ii) Abhängigkeit von der Zeit bzw. Berücksichtigung relevanter dynamischer Vorgänge, (iii) der Schwellenwert selbst ist zeitinvariant und kann von einer zeitabhängigen Kennzahl Ω(t) erreicht werden. Diese Kennzahl setzt die aktuellen Systemgrößen mit den Anfangsgrößen ins Verhältnis. Mit der Definition des dazugehörigen Schwellenwertes werden die zur Induktionsphase gehörenden Zustände von derjenigen zur Schichtwachstumsphase gehörenden getrennt. Während sich die Kennzahl entsprechend der oben erläuterten Wärmeleitwiderstände (Ω(t) ~ 1/α(t) und ~ x(t)/λ(t)) entwickeln muss, bleibt der Schwellenwert konstant und der Mechanismus gibt die Induktionszeit an, wenn die Kennzahl den Schwellenwert erreicht hat. In Abb. 5.3 ist der Modellmechanismus schematisch dargestellt: In einer zeitabhängigen Berechnung nehmen die Wirkmechanismen und die entsprechenden Einflussparameter gemäß Abb. 5.2 Einfluss auf die Berechnung der Kennzahl Ω.

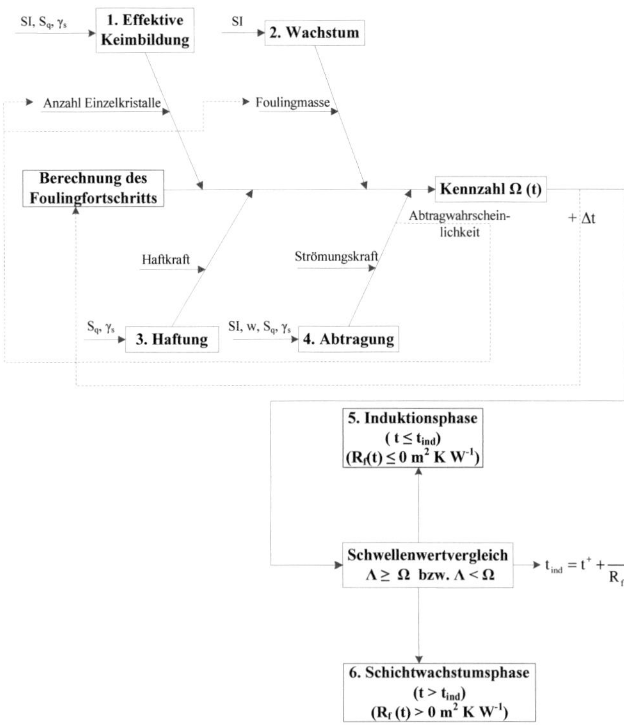

$$t_{ind} = t^+ + \frac{0 - R_f(t^+)}{R_f(t + \Delta t) - R_f(t^+)} \Delta t$$

Abb. 5.3 Schematische Darstellung des Modellmechanismus

Wie in Abb. 5.1 dargestellt sind die Wirkmechanismen untereinander durch die Rückkopplung mit der Abtragwahrscheinlichkeit miteinander verbunden. Der Schwellenwert fungiert dabei als Überprüfungskriterium für die Kennzahl und führt zur Differenzierung zwischen Induktionsphase und Schichtwachstumsphase des thermischen Foulingwiderstandes gemäß Abb. 2.9. Solange der Schwellenwert Λ von der Kennzahl Ω nicht erreicht wurde, wurde mit Gl. (5.7) der thermische Foulingwiderstand für die Induktionsphase berechnet. Dieses Modell lieferte negative oder sehr geringe Foulingwiderstände ($< 10^{-5}$ m^2 K W^{-1}), da der Wärmeübergangskoeffizient nach Gl. (5.2) relativ stark zunahm. Bei Erreichen des Schwellenwerts wurde mit Gl. (5.8) der massebasierte Foulingwiderstand für die Schichtwachstumsphase berechnet. Dieses Modell lieferte immer positive Foulingwiderstände mit Größenordnungen ($0 - 10^3$ m^2 K W^{-1}), wie sie in der Schichtwachstumsphase üblicherweise auftreten. Zur Bestimmung der Induktionszeit wurde stattdessen der Schwellenwert der zeitabhängigen Kennzahl $\Omega(t)$ verwendet. Als Kriterium für die Schichtwachstumsphase wurde angenommen, dass der thermische Foulingwiderstand in jedem Fall größer null sein muss ($R_f > 0$ m^2 K W^{-1}). Um dieses zu gewährleisten, wurde bei Erreichen der Schichtwachstumsphase mit der Modellgleichung für den massebasierten Foulingwiderstand gerechnet, die nur positive Werte erzeugen kann, wenn ein Foulingprozess stattfindet und sich Foulingmasse gebildet hat. Für die Induktionsphase gilt, wie in Kap. 2.2.1 erläutert, dass der thermische Foulingwiderstand kleiner gleich null sein muss ($R_f \leq 0$ m^2 K W^{-1}) und zur Induktionszeit muss der thermische Foulingwiderstand gleich null sein. Die Induktionszeit wurde deshalb durch lineare Interpolation auf den Nulldurchgang ($t_{ind} = t(R_f = 0$ m^2 K W^{-1})) berechnet. Hierzu wurden der Zeitpunkt bei Erreichen des Schwellenwerts ($t^+ = t(\Omega = \Lambda)$) und der entsprechende thermische Foulingwiderstand nach Gl. (5.7) sowie ein Zeitschritt danach ($t = t^+ + \Delta t$) und der entsprechende massebasierte Foulingwiderstand nach Gl. (5.8) eingesetzt. Dieser finale Schritt im Mechanismus wird durch beispielhafte Verläufe des Foulingwiderstands mit dem oben beschrieben Modellwechsel bei Erreichen des Schwellenwerts in Abb. 5.4 (a) dargestellt.

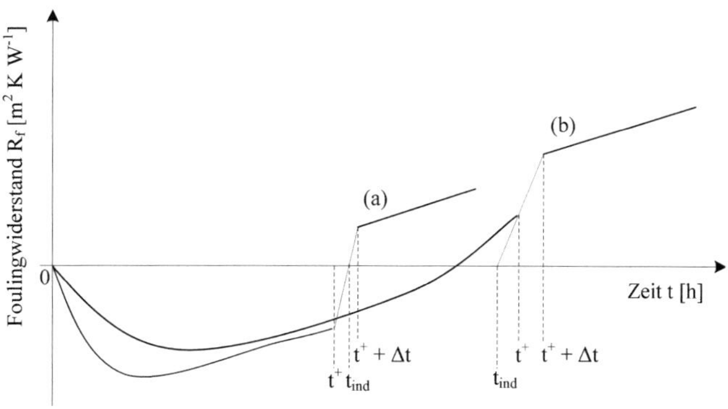

Abb. 5.4 Modellierte Verläufe des thermischen Foulingwiderstandes

Eine Interpolation auf den Nulldurchgang sollte auch durchgeführt werden, wenn das Induktionszeitkriterium erreicht wurde und die Modellgleichung Gl (5.7) für den thermischen Foulingwiderstand bereits positive Werte erzeugte (vgl. Abb. 5.4 (b)). Die Interpolation auf den Nulldurchgang ist daher eine Modellkorrektur zur Einhaltung des obenstehenden Kriteriums für den thermischen Foulingwiderstand in der Induktionsphase sowie für die Induktionszeit ($R_f(t_{ind}) = 0$ m^2 K W^{-1}). Der Modellmechanismus ist daher nicht zwingend auf exakte Modelle für die Verläufe vom

Wärmeübergangswiderstand $1/\alpha$ und x/λ angewiesen, wenn die entsprechenden Modelle den richtigen Trend widergeben, dass heißt der thermische Foulingwiderstand nicht sehr hohe positive Werte bis zum Induktionszeitkriterium erreicht, und die Steigung zwischen den Foulingwiderständen aus Gl. (5.7) und Gl (5.8) nicht negativ ist. Verwiesen sein an dieser Stellen auf den oben erklärten dominierenden Effekt eines zunehmenden Wärmeleitwiderstandes am Ende der Induktionsphase mit einer positiven Steigung des thermischen Foulingwiderstandes. Nach Abb. 5.4 sind demnach nur steigende Verläufe des Foulingwiderstands beim Wechsel von Induktions- zu Schichtwachstumsphase für das Modell zulässig. Der Modellmechanismus kann somit auch als dynamisches Schätzverfahren mit der Randbedingung eines steigenden Foulingwiderstands beim Induktionszeitkriterium verstanden werden. Für die Zeitpunkte t_{ind} und t^+ können zwei Bedingungen in Abhängigkeit vom thermischen Foulingwiderstand nach Gl. (5.7) bei Erreichen des Schwellenwerts formuliert werden:

$$t_{ind} < t^+ : R_f(t^+) > 0\,\mathrm{m^2\,K\,W^{-1}} \tag{5.9}$$

$$t_{ind} \geq t^+ : R_f(t^+) \leq 0\,\mathrm{m^2\,K\,W^{-1}} \tag{5.10}$$

Für infinitesimal kleine Zeitschritte sowie $R_f(t^+) = 0\ \mathrm{m^2\ K\ W^{-1}}$ fallen Induktionszeit und Schwellenwertzeit zusammen ($t_{ind} \rightarrow t^+$). Wie sich zeigen wird, kann eine große Steigung des Foulingwiderstandes zwischen Induktions- und Schichtwachstumsphase im oben vorgestellten Mechanismus vorteilhaft zur Simulation plausibler Induktionszeiten sein.

Die Wirkmechanismen wurden jeweils durch entsprechende Modelle ausgedrückt und können hierbei als Submodelle angesehen werden, die Einfluss auf das Kernmodell, bestehend aus zeitabhängiger Kennzahl und Schwellenwert, nehmen. Im folgenden Kapitel wird das Kernmodell formuliert und erläutert. Da sowohl der thermische wie der massebasierte Foulingwiderstand auch ohne das Kernmodell in Abb. 5.3 berechnet werden können, kann die Liste der Submodelle um diese erweitert werden. Eine Übersicht über die verwendeten Modellgleichungen für die Submodelle ist in Kap. 5.5 zu finden.

5.4 Biot-Zahlen normierter Schwellenwert

Die Biot-Zahl hat die Funktion, die thermischen Zustände bezogen auf den Wärmedurchgang zu vergleichen und ist daher als Basis-Kennzahl geeignet [*Martin, 2006; Mayer, 2013b*]:

$$\mathrm{Bi} = \frac{\alpha x_{ch}}{\lambda} \tag{5.11}$$

Hierin ist x_{ch} eine Festkörper-bezogene charakteristische Länge. Sie wird aus dem Verhältnis aus Festkörpervolumen zu Festkörperoberfläche gebildet. Beim Kristallisationsfouling beinhaltet x_{ch} sowohl die Wärmeübertragerwand als auch die kristallinen Ablagerungen. Mit Hilfe der Biot-Zahl wird der innere Wärmeleitwiderstand (x_{ch}/λ) mit dem äußeren ($1/\alpha$) ins Verhältnis gesetzt und liefert damit einen System-intrinsischen Zustand für das Wärmedurchgangsverhalten. Für den Foulingfortschritt muss die Biot-Zahl sowie ihre einzelnen Terme zeitabhängig betrachtet werden. Der zeitabhängige Wärmeübergangskoeffizient $\alpha(t)$ wurde mit Gl. (5.2) berechnet. Darin wurden die Strömungsgeschwindigkeit w sowie der hydraulische Durchmesser d_h zeitabhängig in Abhängigkeit der Foulingschichthöhe x_f und des Bedeckungsgrades θ betrachtet. Die charakteristische Länge x_{ch} in Gl. (5.11) ist definiert als das Verhältnis von Festkörpervolumen zu Festkörperoberfläche. Hierbei müssen Wärmeübertragerwand und Foulingmasse berücksichtigt werden. Zur Feststoffoberfläche A_{w+f}

müssen die Anteile der unverschmutzten Wärmeübertrageroberfläche sowie der zusätzlichen Oberfläche durch das Kristallisationsfouling einbezogen werden.

$$x_{ch,f}(t) = \frac{V_{w+f}(t)}{A_{w+f}(t)} \tag{5.12}$$

Durch die Verwendung einer globalen charakteristischen Länge nach Gl. (5.12) kann eine aufwendige Parallelschaltung von Einzelwiderständen bei lokal unterschiedlichem Fouling umgangen werden. Zur Beschreibung der wirksamen Wärmeleitfähigkeit mussten zur Vereinfachung drei Annahmen getroffen werden: (i) das Kristallisationsfouling wirkt thermisch isolierend gegenüber der Wärmeübertragerwand ($\lambda_c << \lambda_w$), (ii) es findet keine Wärmeleitung quer zum Wärmestrom statt und (iii) die Wärmeleitung in der Wand ist sehr viel schneller als in der Foulingschicht. Die Wärmeleitfähigkeit konnte dann mit Gl. (5.13) vereinfachend mit Hilfe des Bedeckungsgrades fraktionell formuliert werden:

$$\lambda_f(t) = (1-\theta(t))\lambda_w + \theta(t)\cdot\lambda_c \tag{5.13}$$

Mit Hilfe der Wärmestromgleichung gemäß Gl. (2.29) soll gezeigt werden, dass die Biot-Zahl aus Gl. (5.11) als Basiskennzahl ein gültiges Maß zur Beschreibung des thermischen Foulingwiderstandes nach Gl. (3.7) darstellt. Gemäß Abb. 2.8 für den untersuchten Fall sind der Wärmestrom und die Fluidtemperatur T_2 konstant. Nach Gl. (2.29) lässt sich unter Annahme einer konstanten Wärmestromdichte ($\dot{Q}/A_0 =$ const.) diese für die Einzelwiderstände im befoulten Zustand wie folgt formulieren:

$$\frac{\dot{Q}}{A_0} = \left(\frac{\lambda}{x}\right)_f \left(T_{wi,f} - T_{wa,f}\right) = \alpha_f\left(T_{wa,f} - T_2\right) \tag{5.14}$$

Die Umstellung von Gl. (5.14) nach Gl. (5.11) liefert die Biot-Zahl in Abhängigkeit von den wirksamen Temperaturgradienten:

$$Bi_f = \left(\frac{\alpha x}{\lambda}\right)_f = \frac{\left(T_{wi,f} - T_{wa,f}\right)}{\left(T_{wa,f} - T_2\right)} = \frac{\dot{Q}}{A_0}\left(\frac{x}{\lambda}\right)_f \frac{1}{\left(T_{wa,f} - T_2\right)} \tag{5.15}$$

Die mögliche Überführung sowohl der Biot-Zahl als auch des thermischen Foulingwiderstandes nach Gl. (3.7) in die temperaturabhängige Wärmestromdichte zeigt, dass sich beide Kennzahlen umgekehrt proportional verhalten ($Bi_f \sim 1/R_f$). Die Zunahme der Wärmeübertragungsfläche bei Fouling ($A_f > A_0$) kann mit Hilfe der in Gl. (5.12) angegebenen charakteristischen Länge berücksichtigt werden. Im sauberen Zustand ist x_{ch} gleich der Wanddicke x_w.

Eine kleine Biot-Zahl ($Bi \leq 1$) indiziert, dass die innere Wärmeübertragung durch Wärmeleitung schneller als die äußere Wärmeübertragung durch Konvektion abläuft. Bei sehr kleinen Biot-Zahlen ($Bi \leq 0{,}1$) ist die Wärmeleitung so schnell, dass es bei einem gleichmäßig von Innen beheiztem Festkörper zu vernachlässigbar geringen Divergenzen von Mitten- und Randtemperaturen ($\partial^2 T/(\partial x^2) \to 0$) im Temperaturfeld kommt. Bei großen Biot-Zahlen ($Bi >> 1$) herrschen im Umkehrschluss große Divergenzen im Temperaturfeld der Wärmeübertragerwand, da die Wärmeübertragung durch Konvektion schneller abläuft. In Abb. 5.5 ist der Zusammenhang von Temperaturgradienten und Biot-Zahl beim Kristallisationsfouling schematisch dargestellt. Gezeigt sind die Temperaturverläufe zu drei verschiedenen Zeitpunkten: sauberer Anfangszustand, Induktionszeit und Schichtwachstum.

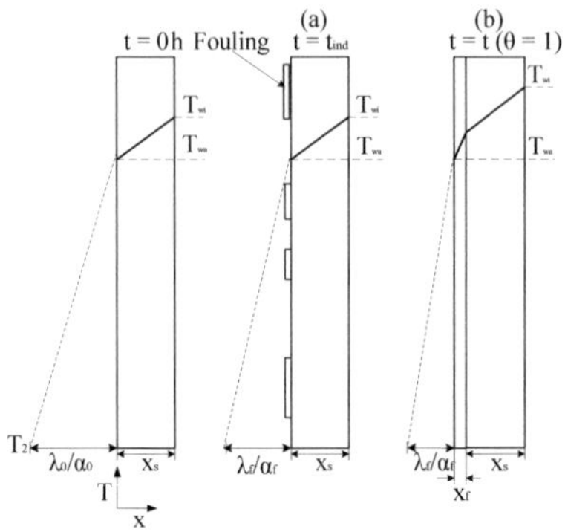

Abb. 5.5 Temperaturverlauf in einer Wärmeübertragerwand bei Fouling bei konstantem Wärmestrom

Mit zunehmender Ablagerung nimmt die Entfernung des Schnittpunktes der Tangenten der Oberflächentemperaturen mit der Achse der Fluidtemperatur T_2 ab. Diese Entfernung entspricht dabei dem Verhältnis von wirksamer Wärmeleitfähigkeit zu Wärmeübergangskoeffizient (λ/α) [*Böckh, 2006*]. Während das Verhältnis von Festkörper Volumen zu Oberfläche x_{ch} bei (a) mikroskopischen Einzelkristallen abnimmt und spätestens bei (b) einer geschlossenen, homogenen Foulingschicht (θ = 1) zunimmt. Desweiteren lässt sich Zustand (a) der Induktionsphase und Zustand (b) der Schichtwachstumsphase zuordnen.

Anhand der oben erklärten Zusammenhänge ist es plausibel, dass die Biot-Zahl während der Induktionsphase nicht ansteigt, sondern denselben Verlauf wie der thermische Foulingwiderstand nach Gl. (2.34) nimmt. Gleichsam zum thermischen Foulingwiderstand ist die Biot-Zahl eine globale Kennzahl. Sie hat jedoch den Vorteil, Wärmeübertragungsprozesse verschiedener Wärmeübertrager vergleichbar zu machen. Die Biot-Zahl als Kriterium beim Fouling ist dabei immer auf die Seite des Wärmeübertragers mit der stärkeren Foulingneigung zu beziehen, also diejenige Seite, bei der die Oberflächen- bzw. Wandtemperatur durch das Fouling am schnellsten verändert wird. Beim Kristallisationsfouling von inverslöslichen Salzen ist dies in der Regel die kühlere wärmeempfangende Seite. Eine wegweisende Modellierung des Foulings über die Biot-Zahl formulierte bereits Schreier [*Schreier, 1995*], allerdings ohne direkten Bezug zur Induktionszeit.

Da die Biot-Zahl lediglich als Basis-Kennzahl zur Beschreibung des Temperaturverhaltens beim Kristallisationsfouling dienen kann, wird die Funktion des Schwellenwerts als Biot-Zahlenverhältnis allgemein gültig für alle Wärmeübertrager definiert:

$$\Lambda = \frac{Bi_f}{Bi_0} = \frac{\alpha_f x_{ch,f} \lambda_0}{\alpha_0 x_{ch,0} \lambda_f} = 1 \tag{5.16}$$

Der Schwellenwert wird dabei von der Biot-Zahl im sauberen Zustand Bi_0 maßgeblich vorgegeben, mit welcher die Biot-Zahl des verschmutzten Zustands Bi_f ins Verhältnis gesetzt wird. Aufgrund von Modellungenauigkeiten bei Wärmeleitung, Konvektion sowie Ablagerungs- und Abtragungsprozess kann ein zulässiges Aufmaß ($\varepsilon \geq 0$) addiert werden. Für exakte Modelle ist das Aufmaß gleich Null ($\varepsilon = 0$) und generell sollte es so niedrig wie möglich gewählt werden. In einigen Fällen ist eine Reproduzierbarkeit des thermischen Foulingwiderstandes bei wiederholter Versuchsdurchführung nur bedingt gegeben. Bei einer Standardabweichung des thermischen Foulingwiderstandes bzw. der

Induktionszeit von beispielsweise ±10%, wie von Albert [*Albert, 2010*] festgestellt, kann das Aufmaß zu $\varepsilon = 0{,}1$ gewählt werden. Sowohl für die Induktionsphase ($\Lambda_{ind} = 1 + \varepsilon$) als auch für die Initialisierungsphase ($\Lambda_{ini} = 1 + \varepsilon$) kann ein Aufmaß ($\varepsilon > 0$) oder ein Abschlag ($\varepsilon < 0$) zur Korrektur von Modellungenauigkeiten und zur Berücksichtigung von Grenzwerten bzw. Standardabweichungen eingesetzt werden.

Aus der zeitabhängigen Betrachtung des Biot-Zahlenverhältnisses in Gl. (5.16) ergibt sich zugleich die Kennzahl $\Omega(t) = Bi_f(t)/Bi_0$ als charakteristische Größe für den Wärmedurchgang bei Fouling. Für die Induktions- und die Initialisierungsphase gelten jedoch unterschiedliche Kriterien für die Entwicklung des Biot-Zahlenverhältnisses: Für die Induktionsphase muss das Biot-Zahlenverhältnis kleiner gleich dem entsprechenden Schwellenwert sein und für die Initialisierungsphase muss das Biot-Zahlenverhältnis gleich dem entsprechenden Schwellenwert sein. Die Induktions- und die Initialisierungszeit können somit jeweils durch einen Grenzwert ausgedrückt werden:

$$t_{ind} = \lim_{t \to t_{ind}} \left(\Omega(t) \le \Lambda_{ind} \right) \tag{5.17}$$

$$t_{ini} = \lim_{t \to t_{ini}} \left(\Omega(t) = \Lambda_{ini} \right) \tag{5.18}$$

Der Schwellenwert und der Verlauf des Biot-Zahlenverhältnisses sind in Abb. 5.6 dargestellt. Letzteres nimmt einen vergleichbaren Verlauf, wie der thermische Foulingwiderstand in Abb. 5.4. Der Zeitpunkt t^+ markiert das Erreichen des Schwellenwertes als Induktionszeitkriterium. Zu beachten ist hierbei, dass nur für einen Schwellenwert $\Lambda_{ind} = 1$ dieser mit der Kennzahl $\Omega(0)$ am Start zusammenfällt.

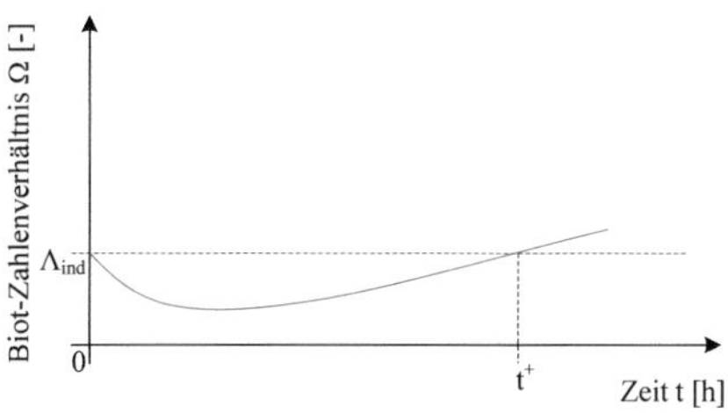

Abb. 5.6 Verlauf des Biot-Zahlenverhältnisses beim Kristallisationsfouling

5.5 Simulation von Induktionszeiten

Zur Validierung der oben vorgestellten mechanistischen Modellierung der Induktionszeit beim Kristallisationsfouling wurde ein entsprechendes Programm zur Simulation geschrieben. Im Folgenden werden zunächst die in die Simulation einfließenden Parameter sowie die Implementierung des Programms erklärt. Anschließend werden die Simulationsergebnisse dargestellt und mit den experimentellen Ergebnissen verglichen. Die Simulation wurde zudem einer Parameterstudie und einer Fehleranalyse unterzogen, um das Verhalten dieser sowie Abweichungen vom realen Fall offenzulegen. Die in MATLAB implementierte Simulation gilt für die einseitige Wärmeübertragung im Strömungskanal bei konstantem Volumen- und Wärmestrom, gemäß der untersuchten Strömungskanäle in Kap. 3.1. Es konnte sowohl Calciumcarbonat- als auch Calciumsulfat-Fouling simuliert werden. Das Kristallisationsfouling wurde durch Wachstum und Abtragung nach Gl. (2.25) von würfelförmigen Kristallen simuliert. Es wurde hierbei aus den entsprechenden Modellgleichungen für die Foulingmasse nach Gl. (2.10) die Kantenlänge der Würfel berechnet:

$$G(t) = \frac{m_f(t)}{\rho_c} \tag{5.19}$$

Hierbei wurde anhand des experimentellen Modells für die integrale mittlere Kristalltrockenmasse eine mittlere Kristallkantenlänge berechnet. Eine Verteilung der Kristallgröße wurde nicht berücksichtigt und stattdessen nur mit der mittleren Kantenlänge gerechnet. Wie in Kap. 5.2 erläutert, wurden sowohl die Anzahl an Einzelkristallen als auch die Foulingmasse mit Hilfe der Abtragwahrscheinlichkeit quantifiziert:

$$N(t) = N(1 - \Gamma(t - \Delta t)) \tag{5.20}$$

$$m_f(t) = m_d(t)(1 - \Gamma(t - \Delta t)) \tag{5.21}$$

Als Bilanzierungsraum wurde die Wärmeübertragerfläche A_0 gewählt. Die Würfel wurden auf der Bilanzfläche gleichmäßig verteilt. In Abb. 5.7 ist die Anordnung für das simulierte Kristallisationsfouling (a) auf der Versuchsplatte sowie (b) im Strömungskanal mit Strömungsprofil schematisch dargestellt. Bei Anwachsen der Abtragwahrscheinlichkeit wurden die Kristallanzahl sowie die Foulingmasse des nächsten Zeitschritts entsprechend reduziert. Nach Chen [*Chen, 1995*] wurde die Wandschubspannung in Höhe der Einzelkristalle $\tau_w(G(t))$ berechnet – die entsprechenden Gleichungen zur überschlägigen Berücksichtigung der Fluiddynamik befinden sich im Anhang.

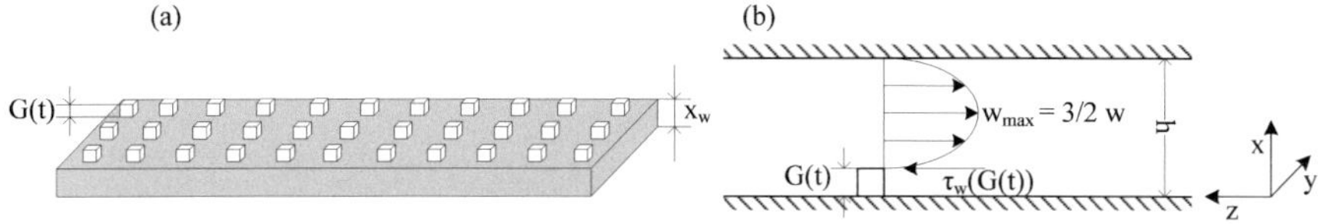

Abb. 5.7 Schematische Darstellung (a) der verteilten isomorphen Einzelkristalle und (b) des Strömungsprofils im rechteckigen Strömungskanal bei der Simulation

Die Ausgangsanzahl an Einzelkristallen ist demnach die Anzahl an Einzelkristallen gebildet durch eine relativ schnelle effektive Keimbildungsrate innerhalb des ersten Zeitschritts. Da, wie in Kap. 4.3 dargelegt, sowohl die Haftkraft als auch die Abtragwahrscheinlichkeit verteilt sind, wurden die entsprechenden Modellgleichungen mit gleichverteilten Pseudozufallszahlen ψ in Analogie an eine sequentielle Monte-Carlo-Simulation gewichtet:

$$\Gamma(t) = 1 - \exp\left(\frac{F_\tau(t)/F_{ad} - \chi_I}{\chi_{II}}\right)^{\chi_{III}} \psi_1 \tag{5.22}$$

$$F_{ad} = \frac{A_H A_{cs}}{12\pi D_0^3} \psi_2 \tag{5.23}$$

Die gleichverteilten Pseudozufallszahlen wurden unter der Annahme, dass die Modellgleichungen den Mittelwert einer relativen Verteilung liefern, beschränkt zu $0{,}75 \leq \psi_1 \leq 1$ und $0{,}5 \leq \psi_2 \leq 1$. Diese Quantile wurden nach Abb. 4.15 aufgrund der Lage des Modalwerts links vom Mittelwert bei der experimentellen massebasierten Abtragwahrscheinlichkeit gewählt. Bei der Verwendung von Gl.

(4.11) für die adhäsive Haftkraft in der Simulation wurde auf einen Einsatz von Zufallszahl verzichtet, da die Entwicklung dieser durch das Wachstum der Grenzfläche zum Fluid A_{cl} indirekt durch die Abtragwahrscheinlichkeit nach Gl. (5.22) bestimmt wird. In der Simulation wurde der in Kap. 5.3 vorgestellte Mechanismus zur Berechnung der Induktionsphase verwendet. Eine Übersicht über die Modellgleichungen sowie die entsprechenden Inputparameter, die über das MATLAB Command Window eingelesen wurden, sind in Tabelle 5.1 aufgeführt.

Tabelle 5.1 Modellübersicht

Kernmodell	Inputparameter	Identifizierte Einflussparameter	Modellgleichungen
Biot-Zahlenverhältnis	-	SI, S_q, γ_s, w	(5.16)
Schwellenwert	ε	-	(5.16)
Submodelle			
1. Effektive Keimbildung	N	SI, S_q, γ_s	-
2. Wachstum	SI	SI	(2.10)
3. Haftung	A_{cs}, A_H	S_q, γ_s	(2.14), (4.10)
4. Abtragung	w	w	(2.26)
5. Thermischer Foulingwiderstand	-	SI, S_q, γ_s, w	(5.7)
6. Massebasierter Foulingwiderstand	-	SI, S_q, γ_s, w	(5.8)

In Tabelle 5.2 sind die Inputparameter sowie die verwendeten Modellgleichungen und die eingesetzten Werte aufgelistet. Die Inputparameter wurden in den angegebenen Einheiten eingegeben und nötigenfalls im entsprechenden Modell in kohärente SI-Einheiten umgerechnet.

Tabelle 5.2 Inputparameter

Beschreibung	Symbol	Einheit	Modellgleichung	Verwendete Werte
<u>Wärmeübertragerparameter:</u>				
Wärmeübertragerfläche	A_0	[m^2]	(2.35), (5.12)	0,00144; 0,033
Kanalbreite	b	[m]	(a.5 – a.6)	0,018; 0,1
Kanalhöhe	h	[m]	(a.5)	0,01; 0,015
Wandstärke	x_s	[m]	(5.12)	0,002
Wärmeleitfähigkeit	λ_s	[$W\ m^{-1}\ K^{-1}$]	(5.13)	15
Schwellenwertaufmaß	ε	[%]	(5.16)	$0 - 10^5$
<u>Grenzflächenparameter:</u>				
Anzahl an Einzelkristallen	N	[$\#\ m^{-2}$]	(2.35), (5.12)	$25 - 5{,}625 \cdot 10^9$
Hamaker-Konstante	A_H	[J]	(2.14)	$3 \cdot 10^{-19}$
Mittlere Kontaktfläche	A_{cs}	[μm^2]	(2.14)	$0 - 10^4$
<u>Fluidparameter:</u>				
Eintrittstemperatur	$T_{2,ein}$	[°C]	(a.1 – a.4)	25; 42
Austrittstemperatur	$T_{2,aus}$	[°C]	(a.1 – a.4)	27; 44
Mittlere Oberflächentemperatur	T_w	[°C]	(4.6)	80
Sättigungsindex	$SI(T_{w0})$	[-]	(2.10)	0,1 – 1,1
Volumenstrom	$\dot{V}$	[$m^3\ s^{-1}$]	(4.6)	0,05 – 3
Zeitschritte	t	[h], [min]	(2.10)	0 – 10000

Für die Hamaker-Konstante wurde, aufgrund der experimentellen Ergebnisse in Kap. 4.3.3, ein mittlerer Wert von $3 \cdot 10^{-19}$ J für alle durchgeführten Simulationen verwendet. Da die Hamaker-Konstante allerdings im Einzelfall abweichen kann, wurde diese als Inputparameter deklariert. Sofern bei den unten präsentierten Simulationsergebnissen nicht explizit angegeben, wurde für den Inputparameter Kontaktfläche $A_{cs} = 5\ \mu m^2$ verwendet.

5.5.1 Implementierung

Die Implementierung in MATLAB erfolgte für zeitdiskrete Berechnungen mit Hilfe einer for-Schleife, die die Submodelle und das Kernmodell für jeden Zeitschritt berechnet. Das Programm wurde im Editor über eine MATLAB-Funktion implementiert. Der entsprechende Programmablauf ist in Abb. 5.8 dargestellt. Die Programmabfolge wurde folgendermaßen festgelegt: 1. Einlesen der Inputparameter, 2. Überprüfung des Inputs, 3. Berechnung der Konstanten und Prozessausgangsparameter sowie die Vektorinitialisierung, 4. Zeitdiskrete Berechnung der Modellgleichungen und schließlich 5. Datenausgabe. Die Berechnungen der Modellgleichungen wurden für jeden Zeitschritt in folgender Reihenfolge durchlaufen: 1. Berechnung der Submodelle 1 – 4, 2. Berechnung des Kernmodells und 3. Berechnung der Submodelle 5 – 6 für den modellierten thermischen Foulingwiderstand gemäß Abb. 5.4. Bei Feststellung eines ungültigen Inputs (SI <= 0 und N <= 0) wurde das Programm beendet und eine entsprechende Fehlermeldung ausgegeben. Für einen komplett zugewachsenen Strömungskanal ($h(t) \leq 0$ m) wurde die Simulation abgebrochen und ebenfalls eine Meldung angezeigt. Ein weiteres Entscheidungskriterium wurde für die kristalline Foulingschicht in Abhängigkeit vollständiger Bedeckung (vgl. Abb. 5.5) verwendet: bei einem Bedeckungsgrad von eins ($\theta = 1$) nahm die wirksame Wärmeleitfähigkeit nach Gl. (5.13) den Wert des entsprechenden Kristalls an und zudem wurde unter Annahme einer komplett geschlossenen Schicht die Anzahl an Einzelkristallen im kristallinen Gesamtvolumen und –fläche nicht berücksichtigt. Die Erzeugung der Pseudozufallszahlen $\psi_{1,2}$ für Gl. (5.22) und (5.23) erfolgte mit Hilfe der MATLAB-Funktion rand( ). Eine Übersicht der eingesetzten Vektoren, die mit Hilfe der Funktion zeros(1,t+1) für die entsprechenden Zeitschritte initialisiert wurden, sowie der nicht oben aufgeführten Modellgleichungen befindet sich im Anhang A. Die Dauer der Berechnungen der Simulation lag unter einer Sekunde, das Schreiben der Daten sowie eine möglich graphische Auswertung dauerten in der Regel weniger als 3 Minuten auf einem Arbeitsplatzrechner mit 2,34 GHz und 3,50 GB RAM.

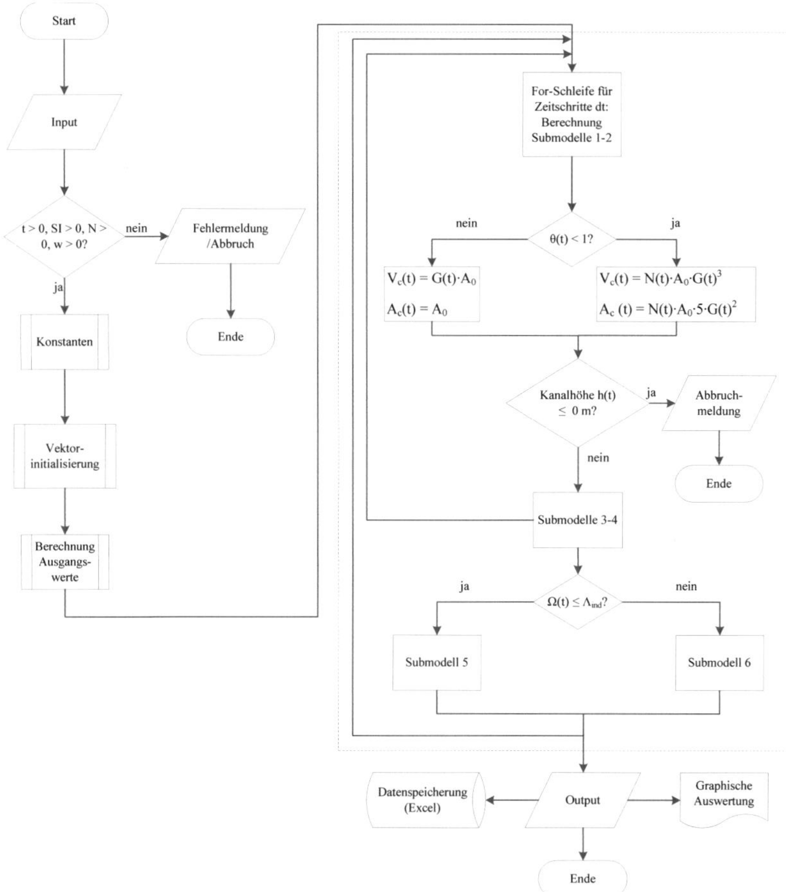

Abb. 5.8 Programmablauf für die Simulation

5.5.2 Simulationsergebnisse

Die nachfolgenden Simulationsergebnisse beziehen sich auf das Experiment gemäß Abb. 3.5. Die Inputparameter wurden entsprechend des Foulingexperiments in Versuchsanlage 1 nach Tabelle 3.1 sowie des eingestellten Sättigungsindex $SI(T_{w0})$ nach Abb. 3.4 (a) eingegeben. Die signifikante Anzahl an Einzelkristallen wurde zu $N = 2{,}25 \cdot 10^8\ m^{-2}$ gewählt, wobei die Werte in Abb. 4.12 (b) die selbe Größenordnung aufweisen; die Austrittstemperatur $T_{2,aus}$ wurde entsprechend der Versuchsdaten mit 44 °C eingegeben. Der experimentelle thermische Foulingwiderstand und der nach dem in Kap. 5.2 vorgestellten Modellmechanismus simulierte thermische Foulingwiderstand sind in Abb. 5.9 dargestellt. Der simulierte Verlauf entsprach dabei dem Modellverlauf aus Abb. 5.4 (a). Wie bereits oben ausführlich erläutert, lieferte das Kernmodell bei den verwendeten Inputparametern eine exaktere Lösung als das 5. Submodell aus Tabelle 5.1 für den thermischen Foulingwiderstand. Der simulierte thermische Foulingwiderstand am Ende der Induktionsphase war mit $-2{,}75\cdot10^{-5}$ m^2 K W^{-1} und ansteigender Tendenz noch zu gering. Für die Schichtwachstumsphase lieferte das entsprechende 6. Submodell aus Tabelle 5.1 zu hohe Werte. Die Größenordnung des thermischen Foulingwiderstandes war jedoch in beiden Zeitabschnitten – der Induktionsphase und der Schichtwachstumsphase – vergleichbar.

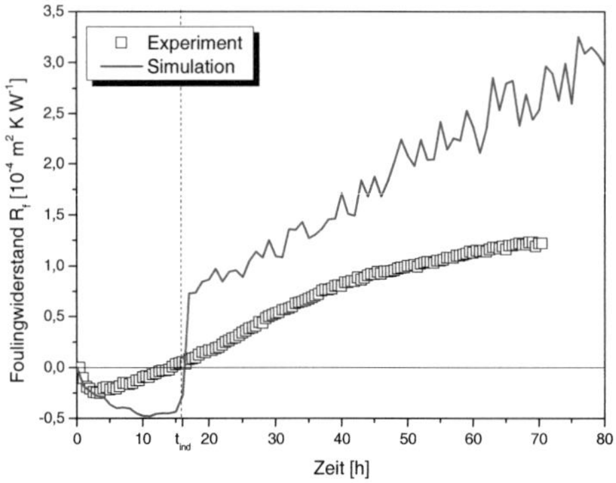

Abb. 5.9 Simulierter und experimenteller thermischer Foulingwiderstand

In Kap. 5.5.5 wird die Entwicklung der simulierten Foulingwiderstände gemäß den 5. und 6. Submodellen näher untersucht. Die experimentelle und simulierte Induktionszeit stimmen im vorliegenden Fall sehr gut überein: der absolute Fehler liegt bei 0,27 h (16 min 12 s), wobei die simulierte Induktionszeit mit 16,27 h etwas geringer als der experimentelle Wert ausfiel. Der Einfluss der Inputparameter sowie der Simulation werden in den nachfolgenden Kapiteln eingehender untersucht. Der Sägezahnverlauf des simulierten thermischen Foulingwiderstandes, insbesondere in der Schichtwachstumsphase ist auf den Einfluss der Pseudozufallszahlen in der simulierten Abtragwahrscheinlichkeit gemäß Gl. (5.22) und der Haftkraft gemäß Gl. (5.23) zurückzuführen. Die durch den Zufallsgenerator rand( ) erzeugten Schwankungen können mit Hilfe kleiner gewählter Quantile für ψ_1 und ψ_2 reduziert werden. In Abb. 5.10 sind der entsprechende simulierte Verlauf des Biot-Zahlenverhältnisses Ω nach Gl. (5.16) sowie des Bedeckungsgrades gemäß Gl. (2.35) dargestellt. Der Verlauf von $\Omega(t)$ entspricht dem in Abb. 5.6 bis zu einem Bedeckungsgrad geringer als eins. Der Sprung bei 18 h und einem Bedeckungsgrad gleich eins resultiert aus der in Kap. 5.5.1 erläuterten Berechnung der kristallinen Foulingschicht bei vollständiger Bedeckung durch die isotropen Würfel. Das Induktionszeitkriterium wurde ebenfalls nach 18 h erreicht. Der Bedeckungsgrad bei der Induktionszeit betrug $\theta(t_{ind}) = 0{,}55$. Die Annahme des Modells nach Yang [*Yang, 2012*] eines entsprechenden Bedeckungsgrades von 0,5 lag in diesem Fall in guter Übereinstimmung. Eine messtechnische Überprüfung des Bedeckungsgrades zum Vergleich mit dem simulierten Verlauf muss in Zukunft erfolgen.

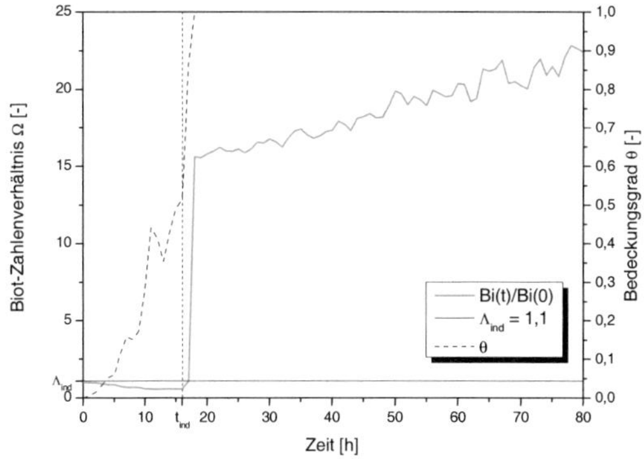

Abb. 5.10 Simulierte Verläufe des Biot-Zahlenverhältnisses und des Bedeckungsgrades

Die entsprechenden Verläufe des Quotienten aus wirksamer Wärmeleitfähigkeit und Wärmeübergangskoeffizienten nach Abb. 5.5 sowie der charakteristischen Länge sind in Abb. 5.11 dargestellt. Im Verlauf der charakteristischen Länge ab 18 h ist der oben beschriebene Zusammenhang bei vollständiger Bedeckung erkennbar. Es zeigte sich, dass die wirksame Wärmeleitfähigkeit aus Gl. (5.13) den Verlauf des Quotienten λ/α dominiert, während erstere vom Bedeckungsgrad wesentlich bestimmt wird. Die simulierte wirksame Wärmeleitfähigkeit betrug zur Induktionszeit nur noch ca. die Hälfte des Ausgangswertes von 15 W m^{-2} K^{-1} für eine saubere Edelstahloberfläche.

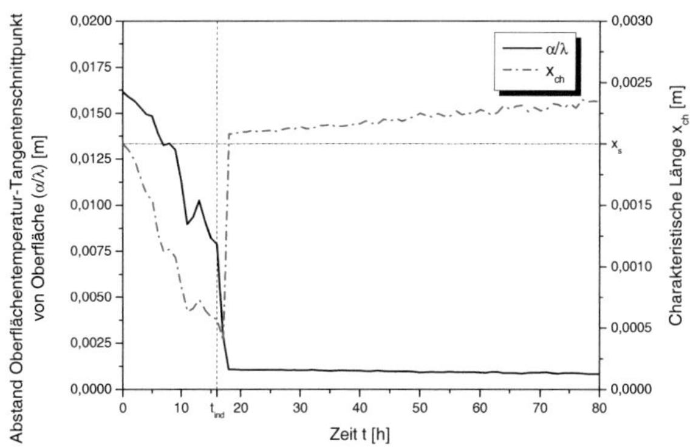

Abb. 5.11 Simulierte Verläufe des Abstands des Oberflächentemperatur-Tangentenschnittpunkts von der Wärmeübertrageroberfläche und der charakteristischen Länge

Die simulierte Abtragwahrscheinlichkeit nach Gl. (5.22) und die Anzahl an Einzelkristallen pro Flächeneinheit sind in Abb. 5.12 dargestellt. Die Abtragwahrscheinlichkeit zeigte ein für sequentielle Monte-Carlo-Methoden typisches Rauschen aufgrund des Pseudo-Zufallszahlengenerators. Die Wahrscheinlichkeit für eine Abtragung – sowohl für Einzelkristalle als auch für die Foulingmasse –

lag zwischen 0 und 25%. Der direkte Einfluss auf die Anzahl nach Gl. (5.20) ist gut zu erkennen: bei einer geringen Abtragwahrscheinlichkeit war die Anzahl N im nächsten Zeitschritt entsprechend hoch und umgekehrt. Wie in Kap. 5.5 für die Startbedingungen bereits erklärt, war die Abtragwahrscheinlichkeit bei t = 0 h null; bei t = 1 h war sie ebenfalls null, da die gesetzte untere Grenze von $(F_T/F_{ad})_u > 10^{-9}$ noch nicht erreicht war (vgl. Abb. 2.6). Die Anzahl an Einzelkristallen schwankte für den simulierten Zeitraum von 80 h entsprechend der Abtragwahrscheinlichkeit zwischen $1{,}25 - 2{,}25 \cdot 10^8$ m^{-2}. Die Anzahl an Einzelkristallen war somit bezüglich der Größenordnung vergleichbar mit den experimentellen Ergebnissen in Kap. 4.2.2.

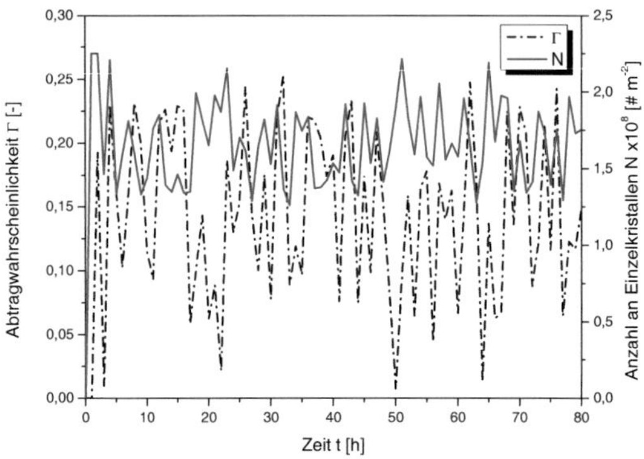

Abb. 5.12 Simulierte Verläufe der Abtragwahrscheinlichkeit und der Anzahl an Einzelkristallen

Wie oben bereits erläutert, war es bislang nicht möglich, die Aggregation von Einzelkristallen und die daraus resultierende Abnahme zu quantifizieren, so dass die simulierte Anzahl nur aufgrund von Strömungskräften reduziert werden konnte. In Abb. 5.13 sind die simulierten Verläufe der kristallinen Massen dargestellt. Während die Ablagerungsmasse m_d unter der Annahme konstanter Wachstumsbedingungen (Sättigungsindex und Oberflächentemperatur) anwuchs, wurden Abtragungsmasse m_r und damit auch die Foulingmasse m_f von der Abtragwahrscheinlichkeit aus Abb. 5.12 bestimmt. Es ist hierbei gut zu erkennen, dass im vorliegenden Fall die Abtragungsmasse zunahm. Dies ist auf ein Anwachsen der fluiden Scherkraft mit zunehmender Schichthöhe zurückzuführen. Ein Vergleich des Anstiegs der Ablagerungsmasse in Abb. 3.6 (a) zeigt, dass die experimentellen Werte höher ausfielen als die hier simulierten, jedoch im selben Größenordnungsbereich liegen. Das entsprechende Wachstumsmodell nach Gl. (2.10), dargestellt in Abb. 4.8 (a), das auf dem integralen Mittelwert basiert, müsste in diesem Fall angepasst werden.

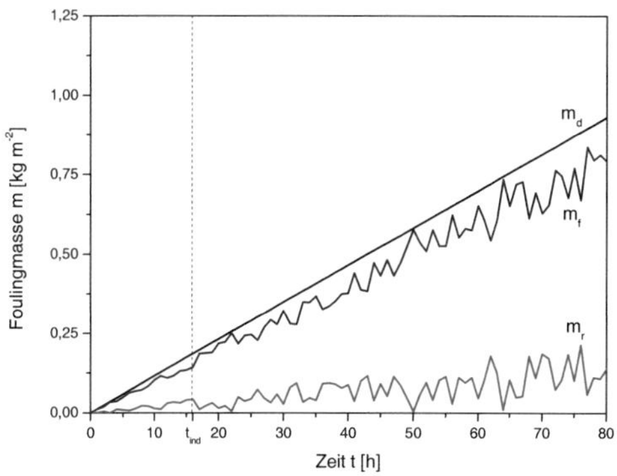

Abb. 5.13 Simulierte Verläufe der Ablagerungs-, Abtragungs- und Foulingmasse

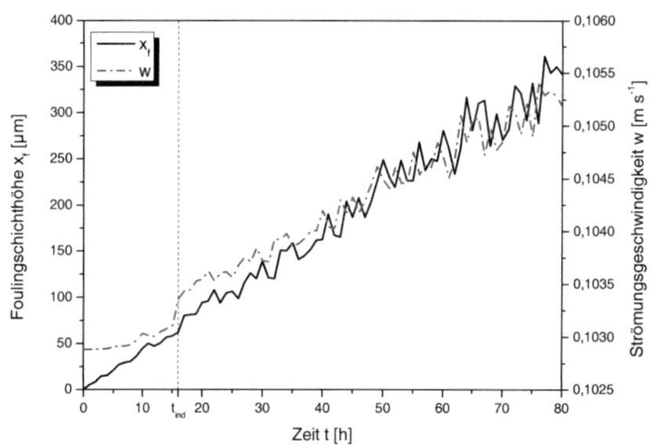

Abb. 5.14 Simulierte Verläufe der Foulingschichthöhe und der mittleren Strömungsgeschwindigkeit

In Abb. 5.14 sind die simulierten Verläufe der Foulingschichthöhe x_f sowie der mittleren Strömungsgeschwindigkeit dargestellt. Die Schichthöhe entwickelte sich aufgrund der oben getroffenen Annahme isotroper würfelförmiger Kristalle analog zur Foulingmasse in Abb. 5.13. Die maximale Schichthöhe war nach 80 h ~ 350 µm. Die mittlere Strömungsgeschwindigkeit nahm gemäß Gl. (4.7) Einfluss auf das Kräfteverhältnis und somit auf die Abtragwahrscheinlichkeit in Abb. 5.12.: eine ansteigende Strömungsgeschwindigkeit erhöhte im Mittel die Abtragung gemäß Abb. 5.13. Zu Beginn bis ca. 8 h wurde ein sehr geringer Anstieg der Strömungsgeschwindigkeit aufgrund der geringen Reduzierung des hydraulischen Durchmessers simuliert. Um die Entwicklung des Wärmeübergangskoeffizienten gemäß Gl. (5.2) in der Simulation nach zu vollziehen, sind der prozentuale Anstieg dessen sowie die Nusselt-Zahl in Abb. 5.15 dargestellt. Wie erwartet, stieg der Wärmeübergangskoeffizient an und wurde ebenfalls durch die Abtragwahrscheinlichkeit beeinflusst und bildete vor allem in der Schichtwachstumsphase ein Sägezahnmuster aus. Die Nusselt-Zahl fiel, da diese in erster Linie durch einen abnehmenden hydraulischen Durchmesser, bzw. eine dadurch ebenfalls abnehmende Reynolds-Zahl bestimmt wurde. Entsprechend des simulierten thermischen Foulingwiderstandes in Abb. 5.9 nach ca. 15 h gegen Ende der Induktionsphase, war der Wärmeübergangskoeffizient, als dominierender Effekt in einer rauheitskontrollierten Phase, zu diesem Zeitpunkt um ~ 7% erhöht. Bei höheren Strömungsgeschwindigkeiten kann die Erhöhung des Wärmeübergangs größer ausfallen. Die Entwicklung des Wärmeübergangskoeffizienten beim Kristallisationsfouling muss in weiteren Experimenten und Simulationen untersucht werden.

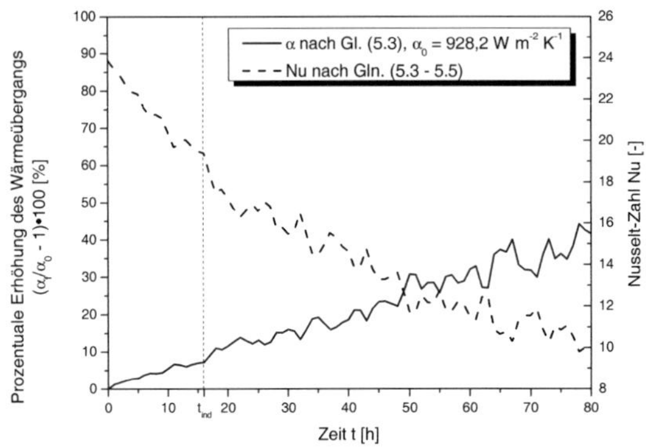

Abb. 5.15 Simulierte Verläufe des Wärmeübergangskoeffizienten und der Nusselt-Zahl

In Tabelle 5.3 sind experimentell bestimmte und die entsprechenden simulierten Induktionszeiten für das Kristallisationsfouling von Gips auf Edelstahl (SS) dargestellt. Entscheidende Inputparameter waren hierbei der entsprechende Sättigungsindex SI und die Strömungsgeschwindigkeit w. Die Anzahl an Einzelkristallen N musste zur Erzielung der experimentellen Induktionszeit variiert werden. Die starke Abhängigkeit der simulierten Induktionszeiten von der Anzahl an Einzelkristallen wird in Kap. 5.5.3 in einer Parameterstudie aufgegriffen und diskutiert. Bei der Simulation von Induktionszeiten unterschiedlicher Systeme wurde festgestellt, dass die Simulation sensitiv auf den Einfluss verschiedener Inputparameter reagiert. Ein Vergleich der Simulationsergebnisse für die in Tabelle 5.3 angegebenen Experimente zeigt, dass sowohl die Anzahl an Einzelkristallen N als auch die Kontaktfläche A_{cs} mussten variiert werden, um die entsprechende Induktionszeit zu erzielen. Bei den Experimenten in Versuchsanlage 3 nach Förster [*Förster, 2001*] lag ein wesentlich geringerer Sättigungsindex SI vor, als bei den Versuchen von Geddert [*Geddert, 2009a*]. Nach den in Kap. 2 vorgestellten Modellen sind aufgrund einer geringeren Keimbildung nach Gl. (2.6) und eines geringeren Wachstums nach Gl. (2.10) sowie durch die erhöhte Strömungsgeschwindigkeit bei den Versuchen in Anlage 3 die wesentlich längeren Induktionszeiten zu erklären. In der Simulation wurde jedoch der Einfluss des geringeren Sättigungsindex zu stark gewichtet, so dass die Inputparameter N und A_{cs} gegenüber der Simulation der Experimente mit Anlage 1 erhöht werden mussten. Der Einfluss einer erhöhten Strömungsgeschwindigkeit musste zudem durch eine Reduzierung der Anzahl an Einzelkristallen N unterstützt werden. Dieser Zusammenhang muss, wie in Kap. 4.2.2 erklärt, hinsichtlich einer effektiven Keimbildung unter Einfluss der Strömungsgeschwindigkeit mit Hilfe geeigneter Foulingexperimente untersucht werden. Das Experiment von Albert [*Albert, 2010*] ist nicht direkt mit dem Simulationsmodell vergleichbar, da dort das Gips-Fouling in einem Doppelrohrwärmeübertrager untersucht wurde. Für die Anwendung der Simulation wurden vereinfachend die mittlere Wandtemperatur mit dem entsprechenden Sättigungsindex sowie die übrigen Betriebsparameter eingegeben. Ein gutes Ergebnis (vgl. Tabelle 5.3) wurde ebenfalls mit einer erhöhten Anzahl N und Kontaktfläche A_{cs} erzielt. Hierbei zeigt sich eine noch ungenaue Skalierbarkeit der Modelle, insbesondere der Abtragwahrscheinlichkeit, für signifikante Systemänderungen.

Tabelle 5.3 Experimentelle und simulierte Induktionszeiten für $CaSO_4{\cdot}2H_2O$

	Experiment				Simulation			
Autor	Versuchs -anlage	SI [-]	w [m s^{-1}]	t_{ind} [h]	t_{ind} [h]	N x 10^8 [m^{-2}]	A_{cs} [µm^2]	$\theta(t_{ind})$ [-]
[Geddert, 2009a]	1	0,23	0,05	3	2,78	16,81	5	0,58
[Geddert, 2009a]	1	0,23	0,15	5	4,76	7,84	5	0,71
[Förster, 2001]	3	0,1	0,2	140	135	30,25	25	0,62
[Förster, 2001]	3	0,1	0,12	47,7 – 75	67	64	25	0,71
[Albert, 2010]	ebenda	0,18	0,65	60	62	56,25	50	0,35

In Abb. 5.16 ist der simulierte Verlauf des thermischen Foulingwiderstandes für das Experiment mit $CaCO_3$ in Abb. 4.1 (a) dargestellt. Es wurde eine vergleichbare Induktionszeit ($t_{ind,exp}$ = 5 h) von 5,57 h mit N = $9{\cdot}10^8$ m^{-2} bei einem SI = 0,83 für Calcit simuliert. Der sigmoidale Verlauf des Bedeckungsgrades war vergleichbar zu Abb. 5.10. Ebenso wie in Abb. 5.9 ist zu erkennen, dass der minimale thermische Foulingwiderstand mit ca. $-0{,}5{\cdot}10^{-5}$ m^2 K W^{-1} wesentlich geringer und der Foulingwiderstand in der Schichtwachstumsphase deutlich zu hoch gegenüber den experimentellen Werten ausfielen. Dies ist ebenfalls auf Modellungenauigkeiten insbesondere für den Wärmeübergangskoeffizienten zurückzuführen. Der simulierte Bedeckungsgrad zur Induktionszeit betrug $\theta(t_{ind})$ = 0,43.

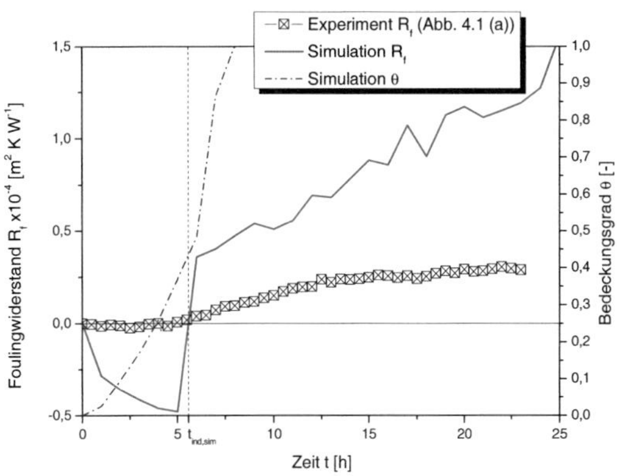

Abb. 5.16 Simulierter und experimenteller Verlauf des thermischen Foulingwiderstandes sowie simulierte Entwicklung des Bedeckungsgrades

5.5.3 Parameterstudien

In den vorgenommenen Parameterstudien zur Untersuchung des Simulationsverhaltens wurden die Inputparameter Anzahl an Einzelkristallen N, Sättigungsindex SI, Strömungsgeschwindigkeit w und Kontaktfläche A_{cs} bei jeweils festen übrigen Inputparametern variiert. Als Referenzsysteme dienten die Simulationen aus Abb. 5.9 und Abb. 5.16 für die Stoffsysteme Calciumsulfat und Calciumcarbonat. Die simulierten Induktionszeiten sind im Folgenden über dem jeweils variierten Parameter aufgetragen. Aufgrund der oben erklärten oberen Randbedingungen wurden für das Auftreten keiner Induktionszeit ($t_{ind} \rightarrow \infty$ h) bzw. das Verbleiben des Wärmeübertragers im sauberen Zustand folgende Annahmen getroffen: $N = 0\ m^{-2}$, $SI = 0$, $w = 0\ m\ s^{-1}$ und $A_{cs} = 0\ \mu m^2$. Die Skalierbarkeit auf kleinere Zeitschritte ($t < 1$ h) wird in der nachfolgenden Fehleranalyse betrachtet. Abschließend werden die in Kap. 4.3 vorgestellten unterschiedlichen Haftungsmodelle untersucht.

In Abb. 5.17 sind die simulierten Induktionszeiten für die oben angegebenen Experimente bei Variation der Anzahl an Einzelkristallen N dargestellt. Dabei wurde festgestellt, dass die simulierten Induktionszeiten stark von N abhängen [*Mayer, 2013b*]. Für die beiden untersuchten Experimente wurden nahezu identische Ergebnisse erzielt, wobei sich jeweils Sättigungsindex SI, die Grenzfläche A_{cs} sowie die Fluidtemperaturen unterschieden, während die Strömungsgeschwindigkeit ($w = 0{,}1\ m\ s^{-1}$) und die Versuchsanlage 1 und damit die Reynolds-Zahl identisch waren. Das gefundene analoge Simulationsverhalten für beide Stoffsysteme ist auf die Abtragwahrscheinlichkeit zurückzuführen, die für beide Systeme verwendet wurde. Die Anzahl wurde dabei von 25 – $5{,}625 \cdot 10^9\ m^{-2}$ variiert. Ab $10^{10}\ m^{-2}$ wurde die Induktionszeit gleich null. Gemäß den experimentellen Ergebnissen in Kap. 4.2.2 ist ein Bereich von 10^8 – $10^{10}\ m^{-2}$ für die Anzahl an Einzelkristallen bei vergleichbaren Versuchsbedingungen realistisch. Der Verlauf kann als Kennlinie der Simulation für eine konstante Strömungsgeschwindigkeit angesehen werden und spiegelt den in einigen Arbeiten [*Hasson, 2003; Geddert, 2009a*] erläuterten Zusammenhang einer exponentiell zunehmenden Induktionszeit mit abnehmender Keimbildungsrate bzw. Anzahlgenerierung.

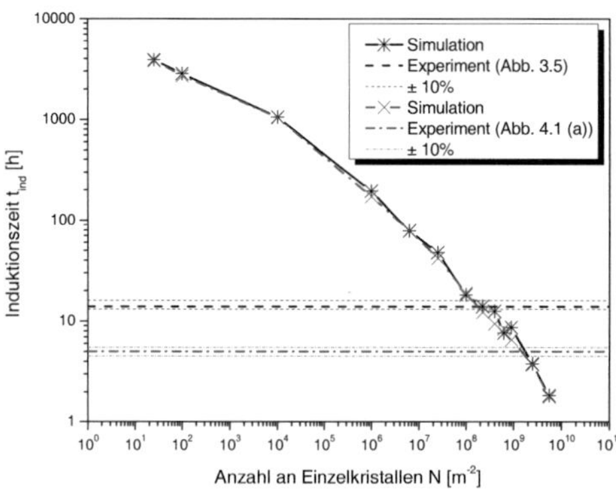

Abb. 5.17 Simulationsergebnisse bei Variation der Anzahl an Einzelkristallen N

In Abb. 5.18 sind die simulierten Induktionszeiten bei Variation des Sättigungsindex dargestellt. Der Sättigungsindex wurde für $SI \geq 0{,}1$ solange erhöht, bis die simulierte Induktionszeit auf null sank. Der gefundene Zusammenhang einer exponentiell ansteigenden Induktionszeit bei abnehmendem Sättigungsindex verhält sich analog zu den experimentellen Werten in Abb. 4.2. Während für Gips ab einem Sättigungsindex SI > 0,3 die Induktionszeit auf null sank, wurde dies für Calcit erst für einen Sättigungsindex SI > 1,1 festgestellt. Da die Oberflächentemperatur ($T_{w,0}$ = 80 °C = const.) in den Simulationen konstant war, entsprach die Parametervariation einer Konzentrationsänderung nach Gl. (2.1). Es wurde ebenfalls festgestellt, dass nach Erreichen der experimentellen Induktionszeit bei einer weiteren Erhöhung des SI Erstere schnell auf null abfiel. Die Modellgleichung Gl. (2.10) mit den entsprechenden Parametern aus Abb. 4.8 lieferte demnach konservative Werte für geringere Übersättigungen, da die experimentellen Induktionszeiten relativ gering waren.

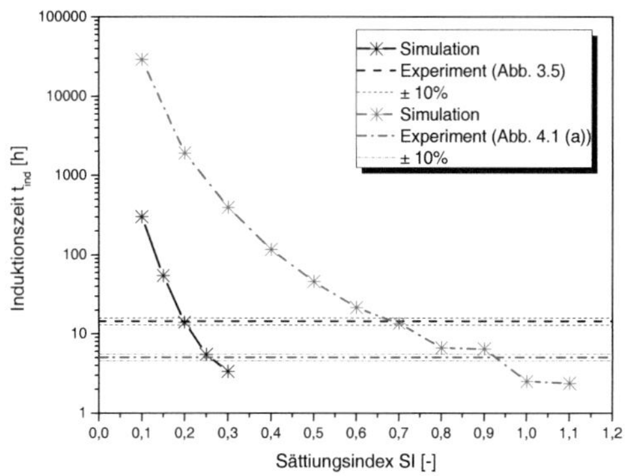

Abb. 5.18 Simulationsergebnisse bei Variation des Sättigungsindex SI

Die Verläufe in den Abbn. 5.17 und 5.18 können nicht als tatsächlich mögliche Verläufe der Experimente in Abb. 3.5 und Abb. 4.1 (a) gesehen werden, da die Parametervariation unter Konstant-Haltung aller übrigen Inputparameter erfolgte. Bei einem reduzierten Sättigungsindex ist unter realen Bedingungen auch ein reduzierender Einfluss auf die Anzahl und vice versa zu erwarten. Die Verläufe zeigen somit das Verhalten der Simulation und nicht des realen Systems. Induktionszeiten müssen, wie in Kap. 5.5.1 dargestellt, immer für ein definiertes System simuliert werden, um Kongruenz darzustellen. Dennoch zeigen die Verläufe in Abb. 5.17 und 5.18 im Trend eine gute Übereinstimmung mit den experimentellen Ergebnissen – die Simulation verhält sich analog zum gemessenen Einfluss des Sättigungsindex auf die Induktionszeit und bildet diesen ab.

In Abb. 5.19 sind die Ergebnisse der Variation der Strömungsgeschwindigkeit w bei konstanter Anzahl an Einzelkristallen ($N = 2{,}25 \cdot 10^8$ m^{-2}) sowie die entsprechende Anpassung der Anzahl für die Simulation der exakten experimentellen Induktionszeiten dargestellt. Hierbei wurde nur das experimentell untersuchte System des Gips-Foulings bei einem SI = 0,21 gemäß Abb. 4.4 mit entsprechenden Simulationen verglichen. Es wurde dabei festgestellt, dass eine Erhöhung der Strömungsgeschwindigkeit bei unveränderten übrigen Inputparametern nicht die experimentellen Werte abbildet. Vielmehr stieg die Induktionszeit mit zunehmender Strömungsgeschwindigkeit erst bei Werten von $w \geq 0{,}5$ m s^{-1}. Die Simulation konnte demnach den Einfluss der Strömungsgeschwindigkeit, insbesondere in der Abtragwahrscheinlichkeit, im vorliegenden Fall nicht ausreichend berücksichtigen. Die Weibullparameter in Gl. (2.26) können in diesem Fall ebenfalls angepasst werden. Desweiteren muss berücksichtigt werden, dass die oben erläuterten Überlagerungseffekte sowie der Einfluss der Strömung auf die Oberflächentemperatur in der Simulation nicht berücksichtigt wurden. Es liegt deshalb nahe, die Anzahl an signifikanten Einzelkristallen zu reduzieren, um die entsprechende Induktionszeit zu erreichen. Dies ist zudem plausibel, da sich eine mögliche Absenkung der Oberflächentemperatur durch die Strömung keimbildungs- und wachstumsreduzierend auswirkt. In Abb. 5.19 ist zu erkennen, dass diese Anpassung für eine Erhöhung der Strömungsgeschwindigkeit ausgehend von 0,1 m s^{-1} deutlich unter eine Anzahl von 10^8 m^{-2} fiel.

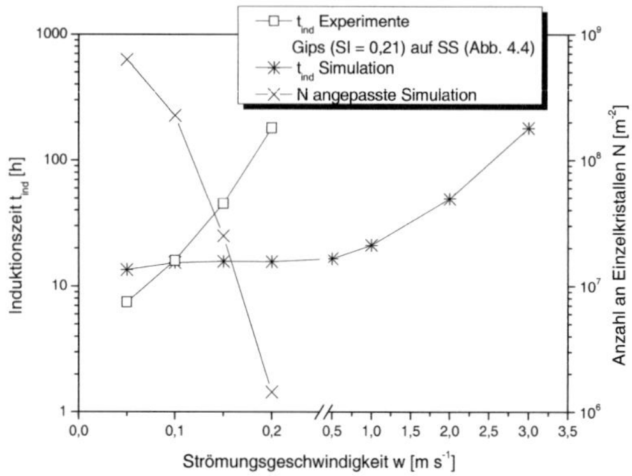

Abb. 5.19 Simulationsergebnisse bei Variation der Strömungsgeschwindigkeit w und angepasste Anzahl N zur Simulation der experimentellen Induktionszeiten

In Abb. 5.20 ist die Parametervariation der mittleren Grenzfläche zwischen Kristall und Wärmeübertrageroberfläche (adhäsive Kontaktfläche A_{cs}) dargestellt.

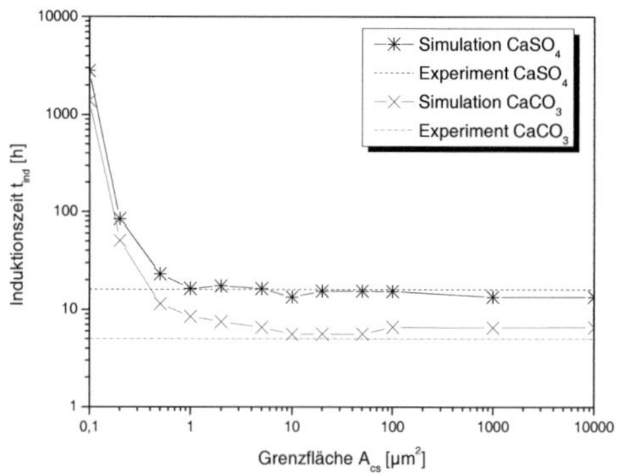

Abb. 5.20 Simulationsergebnisse bei Variation der Kontaktfläche A_{cs}

Im Gegensatz zur oben präsentierten starken Abhängigkeit der simulierten Induktionszeiten von der Anzahl N in Abb. 5.17 wurde für beide Stoffsysteme ab einer Grenzfläche von $A_{cs} \geq 10$ μm^2 keine

Veränderung der Induktionszeit festgestellt. Für Grenzflächen von $A_{cs} \leq 1\ \mu m^2$ hingegen wuchs die simulierte Induktionszeit stark an.

Anhand der Simulationsergebnisse kann festgehalten werden, dass eine möglichst geringe adhäsive Kontaktfläche sich aufgrund verringerter Haftung induktionszeitverlängernd auswirkt. Abschließend wurde das Haftungsmodell gemäß Gl. (4.11) anstelle der Modellgleichung Gl. (5.23) in der Simulation verwendet. In Abb. 5.21 sind die zeitabhängigen Verläufe des simulierten Grenzflächenverhältnisses A_{cl}/A_{cs} sowie die modellierte Adhäsionskraft F_{ad} für das Experiment in Abb. 3.5 dargestellt. Der Verlauf der Adhäsionskraft entspricht dabei demjenigen in Abb. 4.19. Hierbei muss in weiteren Studien untersucht werden, ob der modellierte Verlauf der Haftkraft von Mikrokristallen für längere Zeiten angenommen werden kann, oder ob die Kontaktfläche A_{cs} ebenfalls signifikant wächst. Das simulierte Grenzflächenverhältnis nahm über der Zeit aufgrund des Wachstums der Einzelkristalle zu. In beiden Verläufen ist der Einfluss der Abtragwahrscheinlichkeit im Sägezahnmuster zu erkennen. Durch die Verwendung des Modells nach Gl. (4.11) kann der Einsatz von Pseudo-Zufallszahlen auf die Abtragwahrscheinlichkeit begrenzt werden.

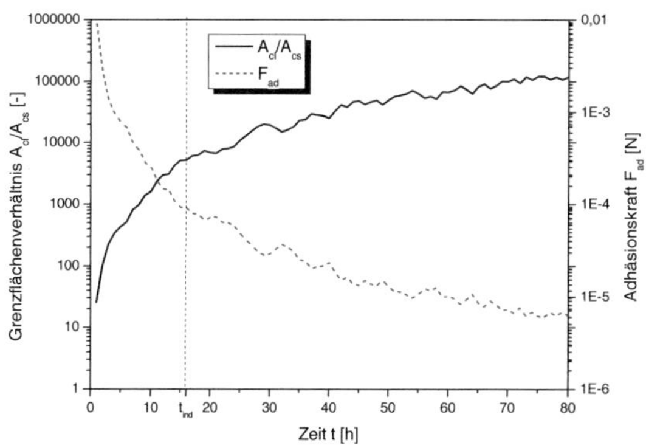

Abb. 5.21 Simulierte Verläufe des Grenzflächenverhältnisses A_{cl}/A_{cs} und der Adhäsionskraft F_{ad} nach Gl. (4.11)

In Abb. 5.22 ist ein Vergleich der Haftkraftmodelle Gl. (4.11) und Gl. (5.23) für die Simulation des Experiments in Abb. 3.5 dargestellt. Es ist dabei jeweils das Kräfteverhältnis und das Biot-Zahlenverhältnis über dem simulierten Grenzflächenverhältnis für die beiden Haftkraftmodelle dargestellt. Mit zunehmender Zeit nahm dabei das Grenzflächenverhältnis analog zu Abb. 5.21 zu. In der Simulation wurde eine untere Grenze für das Kräfteverhältnis von 10^{-9} verwendet. Diese untere Grenze wurde vom Modell nach Gl. (5.23) früher erreicht als von Modell gemäß Gl. (4.11). Das Sägezahnverhalten trat bei letzterem Haftungsmodell erst bei größeren Grenzflächenverhältnissen auf, während beim herkömmlichen Modell das Sägezahnverhalten aufgrund des zusätzlichen Pseudo-Zufallszahlengenerators früher in Erscheinung trat. Aufgrund der dynamischen Entwicklung des Haftkraftmodells nach Gl. (4.11) war die Steigung des Kräfteverhältnisses größer als beim zufallsgenerierten Modell nach Gl. (5.23). Mit Hilfe des ersteren Modells ließ sich somit ein größerer Kräfteverhältnisbereich simulieren. Die entsprechenden Biot-Zahlenverhältnisse nahmen einen vergleichbaren Verlauf zu Abb. 5.10 für ein zeitlich anwachsendes Grenzflächenverhältnis. Analog zum Kräfteverhältnis waren auch hierbei die Schwankungen durch die reduzierte Verwendung von Zufallszahlen bei Modellgleichung Gl. (4.11) geringer. Eine Veränderung des Haftkraftmodells veränderte den Verlauf des Biot-Zahlenverhältnisses grundsätzlich nicht. Die erzielten Induktionszeiten unterschieden sich daher nur sehr geringfügig. Eine experimentelle Überprüfung der gefundenen Zusammenhänge muss hierfür noch erfolgen. Die simulierten Grenzflächenverhältnisse für $t > 0$ h lagen im Bereich von ca. $25 - 10^5$.

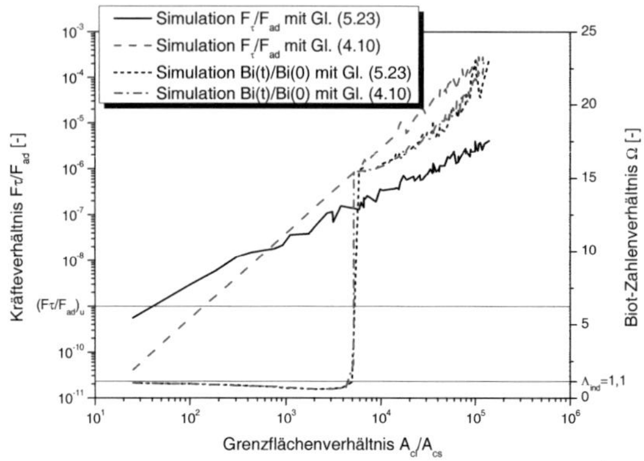

Abb. 5.22 Simulierte Verläufe der Kräfteverhältnisse und des Biot-Zahlenverhältnisses über dem Grenzflächenverhältnis A_{cl}/A_{cs}

Die erzielten Simulationsergebnisse und die Parameterstudie zeigen, dass die mechanistische Modellierung der Induktionszeit für die untersuchten Wärmeübertragersysteme unter Eingabe sinnvoller Inputparameter plausible Ergebnisse liefert. Es konnte klar herausgearbeitet werden, dass ein detailliertes Verständnis der wirkenden Kräfte- und Grenzflächenverhältnis essentiell ist. Aus der Parameterstudie geht hervor, dass sich Induktionszeiten bei Variation der Oberfläche nach Kap. 4.1.3 in der Simulation durch gezielte Anpassung der Inputparameter (i) Anzahl an Einzelkristallen N und (ii) der mittleren Kontaktfläche A_{cs}, (iii) der Weibullparameter gemäß Gl. (2.26) sowie (iv) der Modellparameter in Gln. (4.10) und (4.13) berechnen lassen.

5.5.4 Fehleranalyse

Die Simulation der oben vorgestellten mechanistischen Modellierung der Induktionszeit bietet einerseits den Vorteil, komplexe physikalische Zusammenhänge in einer bestimmten Zeitauflösung zu berechnen, andererseits ist die Simulation aufgrund verschiedener Mängel, welche im Folgenden untersucht werden, fehleranfällig. Diese Mängel überlagern sich und drücken sich im Endresultat in Form des Gesamtfehlers aus. Der Gesamtfehler bei computergestützten Berechnungen lässt sich nach Bronstein [*Bronstein, 2005*] in unterschiedliche Fehlerarten gemäß Abb. 5.23 unterteilen: die Eingangsfehler, hervorgerufen durch Messfehler und ungenaue (Sub-)Modelle der Einzelphänomene dargestellt in Kap. 4. Die Rundungsfehler, die sich durch die mehrfache Verwendung endlicher Gleitkommazahlen mit einer bestimmten Mantisse verstärken können, und schließlich Verfahrensfehler, die sich in Abbruch- und Diskretisierungsfehler unterteilen lassen. Abbruchfehler resultieren aus den gesetzten Bedingungen und Entscheidungkriterien im Programmablauf (vgl. Abb. 5.8). Diskretisierungsfehler können aus einer unzureichenden Unterteilung des Kotrollraums, beispielsweise durch ein Gitter, resultieren. Diskretisierungsfehler können außerdem durch eine unzureichende Synchronität simulierter wertdiskreter Größen entstehen. Die miteinander agierenden Modellgrößen können sich unter Umständen ansychron entwickeln, wenn die entsprechenden Modelle unterschiedliche Zeiträume abdecken und eine lineare Skalierbarkeit unterstellt wird.

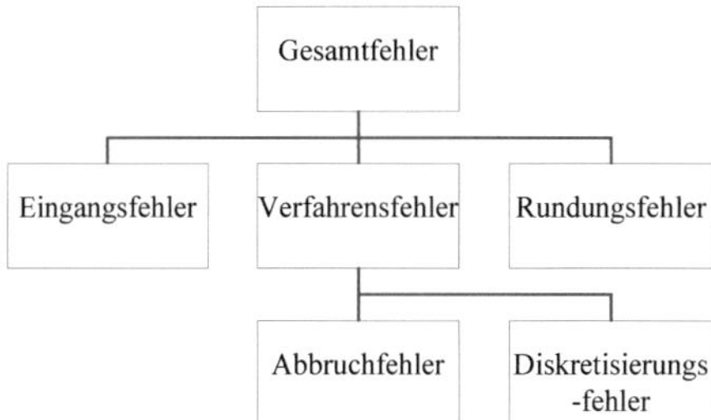

Abb. 5.23 Unterteilung des Gesamtfehlers bei computergestützten Berechnungen und Simulationen

Mögliche Rundungsfehler sollen an dieser Stelle nicht betrachtet werden, da im vorliegenden frühen Zustand der Modellierung und Simulation die Eingangs- und Verfahrensfehler dominieren.

Die Eingangsfehler bei der Simulation resultieren in erster Linie aus den Vereinfachungen und Annahmen in den verschiedenen Submodellen. Hierbei muss beachtet werden, dass eine wiederholende Messung der Induktionszeit nach Albert [*Albert, 2010*] und Geddert [*Geddert, 2009a*] bei ca. 10% liegt. Nach Lister [*Lister, 2012*] können Foulingschichthöhen, die mit Hilfe von Temperaturmessungen berechnet werden, ebenfalls einen Fehler größer als 10% ergeben. In der Simulation werden lokales Verhalten des Kristallisationsprozesses sowie Überlagerungseffekte, wie zum Beispiel die Aggregation von Einzelkristallen und die Abkühlung der Wärmeübertrageroberfläche, nicht berücksichtigt. Eine vielversprechende Methodik für Einzelkristall- und Schichtwachstum können Populationsbilanzen darstellen [*Kumar, 1997; Ramkrishna, 2002*]. Zellautomaten können bei Simulationen von Kristallisationsfouling unterstützende Funktionen übernehmen [*Martins, 2007*]. Dominierende Effekte, wie etwa ein Anstieg des Wärmeübergangskoeffizienten in der rauheitskontrollierten Phase konnten nur tendenziell integriert werden. Detaillierte Grenzflächeneffekte durch Rauheits- und Einschnüreffekte [*Albert, 2011*] in der rauheitskontrollierten Phase konnten ebenfalls nicht berücksichtigt werden. Weitere Fehler entstehen vor allem aus Modellungenauigkeiten für das Kristallwachstum. Desweiteren muss davon ausgegangen werden, dass die Weibullparameter der Abtragwahrscheinlichkeit verteilt sind und diese für bestimmte Systeme angepasst werden müssen. Hinweise darauf lieferten die Bestimmung der massebasierten Abtragwahrscheinlichkeit in Abb. 4.15 und die Parameterstudie zur Strömungsgeschwindigkeit. Als Eingangsfehler muss zudem die in den Submodellen nicht berücksichtigte kristalline Belagbildung an den indirekt beheizten Kanalwänden hinzugezählt werden. Das Kristallisationsfouling an den Kanalseitenwänden beeinflusste, wie in Kap. 3.3 erklärt, vor allem die Strömung und somit den Temperaturverlauf. Weitere Eingangsfehler sind an den entsprechenden Versuchszeitraum bei der jeweiligen Modellbildung und der damit verbundenen Übertragung auf das angenommene zeitdiskrete Verhalten zurückzuführen. Die Bestimmung der Haftkraft beschränkte sich auf Einzelkristalle und Zeiträume bis 20 min. Die entsprechenden Werte wurden jedoch für

Simulationen im Stundenbereich, ohne Kenntnis der weiteren Entwicklung der Haftkraft, angewendet. Ein weiterer Eingangsfehler, entstand durch das unberücksichtigte Temperaturfeld in der Wärmeübertragerwand und im gesamten Festkörper bei Fouling. In zukünftigen Simulationen muss die Entwicklung der Biot-Zahl mit dem entsprechenden Temperaturfeld, beispielsweise mit Hilfe von Computational Fluid Dynamics (CFD) überprüft werden [*Brahim, 2003; Mwaba, 2006*].

Im Folgenden werden verschiedene Verfahrensfehler untersucht. Ein besonderes Augenmerk gilt im oben vorgestellten Programmablauf dem Kriterium für vollständige Bedeckung ($\theta = 1$) und seine Auswirkung auf den Modellmechanismus zur Berechnung der Induktionszeit (vgl. Abb. 5.8).

Das in Kap. 5.4 vorgestellte Schwellenwertaufmaß ε ist bei der Simulation als Inputparameter gesondert zu betrachten, da es gemäß der oben formulierten Modellierung lediglich die Ungenauigkeiten der Submodelle korrigiert. In dieser Fehlerbetrachtung soll es deshalb als Fehlerindikator für den in Kap. 5.3 vorgestellten Modellmechanismus bei gegebener Ausgangskonfiguration dienen.

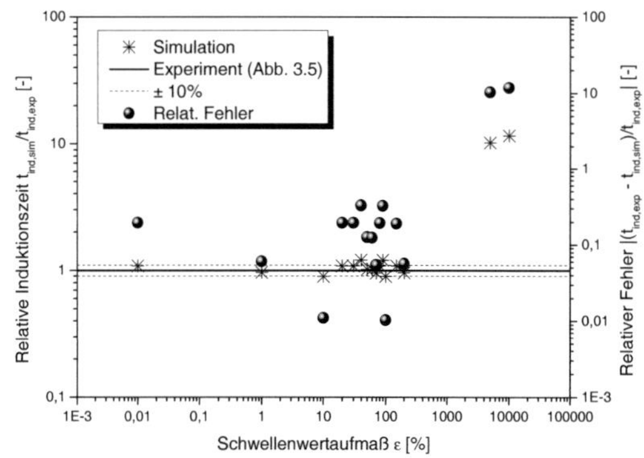

Abb. 5.24 Simulierte relative Induktionszeiten und relativer Fehler über der Variation des Schwellenwertaufmaßes

In der Abb. 5.24 ist zu erkennen, dass die Simulation über einen großen Bereich des Schwellenwerts für die Induktionsphase ($\Lambda_{ind} = 1 + \varepsilon$) von 0,01% – 200% vergleichbare Induktionszeiten berechnete. Dies ist insbesondere auf den Interpolationsvorgang bei Erreichen des Schwellenwerts zu erklären: gemäß Gl. (5.16) wird die Induktionszeit t_{ind} nach Erreichen von Λ_{ind} auf den Nulldurchgang interpoliert indem die Foulingwiderstände bei Erreichen des Schwellenwerts und ein Zeitschritt vorher verwendet werden. Es muss dabei an den Mechanismus des Modellwechsels, wie in Kap. 5.3 beschrieben, erinnert werden: bei Erreichen des Schwellenwerts wird der massebasierte Foulingwiderstand nach Gl. (5.8) verwendet, wobei die Zeitschritte vorher der thermische Foulingwiderstand nach Gl. (5.7) als Bezugsgröße für die Induktionsphase verwendet wurde. Ab Schwellenwerten über 1000% ergaben sich Induktionszeiten, die um das über 12-fache erhöht waren gegenüber dem experimentellen Wert. Für negative Aufmaße ab -10% waren die simulierten Induktionszeiten gleich null und ebenso der entsprechende Bedeckungsgrad $\theta(t_{ind})$. Für ein negatives Schwellenwertaufmaß von -1% ergab sich eine Induktionszeit von 17,32 h bei einem Bedeckungsgrad von 0,6. Der oben erläuterte Zusammenhang zeigt im Wesentlichen zwei Phänomene: 1. Da die Berechnung der Induktionszeit maßgeblich vom Interpolationsvorgang bestimmt wird, ist die Simulation der Induktionszeit in einem großen Bereich nicht stark abhängig vom gewählten Schwellenwert Λ_{ind}. 2. Die Entwicklung der Schwellenwerts wurde, wie in Abb. 5.10 zu sehen, vor allem vom Bedeckungsgrad bestimmt – ab einem Bedeckungsgrad von eins bzw. kompletter Bedeckung stieg das Biot-Zahlverhältnis um das über 15-fache. Dies entsprach einer Erhöhung des Biot-Zahlen normierten Schwellenwerts um 1500% wobei zwischen einem Schwellenwert von eins und einem Schwellenwert von ~ 15 maximal 4 h lagen (ε = 20%). Der Sprung des Biot-Zahlenverhältnisses in Abb. 5.16 ist auf das Kriterium für vollständige Bedeckung zurückzuführen, welches den Verlauf der charakteristischen Länge nach Gl. (5.12) bestimmt. Die Wärmeleitfähigkeit fiel zudem bei Erreichen eines Bedeckungsgades gleich eins von 2,97 W m^{-1} K^{-1} des Zeitschritts davor auf 1,11 W $m^{-1}K^{-1}$. Dies entsprach einer Reduzierung der wirksamen Wärmeleitfähigkeit innerhalb eines Zeitschritts um ~ 270%. Die Annahme einer homogenen Schicht ohne die Berücksichtigung von Einzelkristallen bei vollständiger Bedeckung verursachte einen starken Anstieg der charakteristischen Länge $x_{ch}(\theta = 1)$ - entsprechend groß war die Steigung $\Delta(Bi(t)/Bi_0)/\Delta t$. Daraus wird klar, dass in zukünftigen Simulationen bei der Berechnung der Biot-Zahl das Temperaturfeld mit einer geeigneten Zellenmethode berücksichtigt werden muss, um die wirksame Wärmeleitfähigkeit exakter zu berechnen. Die Berechnung von Induktionszeiten weist folglich je nach System und Simulationszeitschritt eine gewisse Toleranz auf, es sei jedoch darauf hingewiesen, dass vor allem bei größeren Zeitschritten und höheren Abtragwahrscheinlichkeiten diese Toleranz rapide sinken kann. Ein guter Anhaltspunkt ist hierbei ein Vergleich mit der Initialisierungsphase, deren Schwellenwert gleich eins sein muss. Der Schwellenwert für die Induktionsphase ist dem entsprechend nur geringfügig über eins zu wählen, da insbesondere bei Auftreten einer rauheitskontrollierten Phase aufgrund des abnehmenden Volumen-zu-Oberflächenverhältnis des Festkörpers x_{ch} das Biot-Zahlenverhältnis ebenfalls abnimmt (s. Abb. 5.6) und durch den Anstieg des Wärmeleitwiderstandes wieder auf Werte über eins ansteigt. Die Induktionsphase ist demnach frühestens bei einem Schwellenwert von eins beendet. Desweiteren kann eine Analogiebetrachtung der Biot-Zahl bei der Wahl des Schwellenwerts helfen: Eine Biot-Zahl kleiner als 0,1 bedeutet, dass sich das Temperaturfeld im Festkörper um weniger als 9% von Oberfläche zu Mitte ändert [*Martin, 2006*]. Der innere Wärmeübergang ist dabei wesentlich schneller als der äußere, bzw. der innere Wärmeleitwiderstand kann gegenüber dem äußeren vernachlässig werden. Hierbei ist zu bedenken, dass typische Wärmeübertrager mit hohen Strömungsgeschwindigkeiten hohe Biot-Zahlen mit entsprechend großen Temperaturgradienten aufweisen können. Zur Wahl des Schwellenwerts wird daher empfohlen diesen über eins um bis zu 10% zu erhöhen und unter eins um lediglich bis zu -1% zu erniedrigen. Es kann festgehalten werden, dass für sehr kleine Zeitschritte und exakte Modelle für die Biot-Zahl, insbesondere hierbei für die wirksame Wärmeleitfähigkeit, der Schwellenwert als Induktionszeitkriterium Λ_{ind} mit der Induktionszeit bei einer Simulation zusammenfällt. Wie bereits in Kap. 5.4 erläutert, wird dies durch den Interpolationsvorgang nach Erreichen des Induktionszeitkriteriums gewährleistet. Ein Vorteil einer großen Steigung nach Erreichen des Induktionszeitkriterium bei t^+, ist, dass sich durch die lineare Interpolation t_{ind} und t^+ nur geringfügig (< 1 h) unterscheiden. Bei flacheren Steigungen, kann diese Abweichung steigen, wobei theoretisch auch negative Induktionszeiten interpoliert werden können, die als unzulässig verworfen werden müssen. Insbesondere bei höheren Strömungsgeschwindigkeiten wurde eine Zunahme der Abweichung von t^+ und t_{ind} festgestellt, die jedoch bei den untersuchten Bereichen geringer als 3 h war.

Desweiteren entstehen Fehler durch die Verwendung von Pseudo-Zufallszahlengeneratoren in der Simulation. Hierbei entstehen Fehler bei der Reproduzierbarkeit von Simulationsergebnissen. In Abb. 5.25 sind simulierte relative Induktionszeiten gemäß der Beispielsimulation aus Abb. 5.9 sowie der relative Fehler bezogen auf den experimentellen Wert über der Anzahl der durchgeführten Simulationen dargestellt. Der Einfluss der Pseudozufallszahlen wurde hierbei deutlich. Der relative Fehler lag zwischen 0,038 und 0,28, wobei im Mittel von zehn Simulation der Fehler bei 0,1 lag. Die simulierten Induktionszeiten wurden tendenziell unterschätzt bzw. konservativ berechnet. Sieben von 10 Simulationen lieferten etwas zu kurze Induktionszeiten. Im zulässigen 10%-igen Intervall lagen die Hälfte der Simulationen und sechs von zehn lagen im 20%-igen Intervall. Die restlichen vier unterschätzten die experimentelle Induktionszeit deutlich. Eine Mittelung von 10 Simulationen lieferte bei konstanten Inputparametern plausible systemische Induktionszeiten.

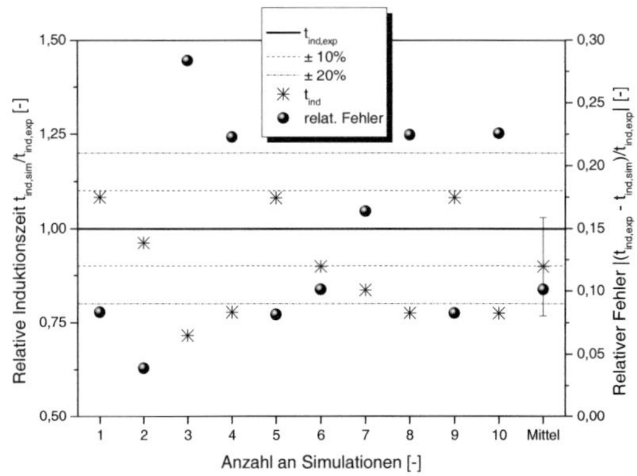

Abb. 5.25 Simulierte relative Induktionszeiten und relativer Fehler über der Anzahl an durchgeführten Simulationen

Ein weiterer Verfahrensfehler entsteht, wie oben erwähnt, durch den Verzicht auf eine Diskretisierung. Die Annahme eines konstanten Wärmestroms sowie eines konstanten Sättigungsindex auf der Oberfläche bei ebenfalls konstanter Oberflächentemperatur, ist vermutlich für den untersuchten Wärmeübertrager nur näherungsweise korrekt. Dies kann in zukünftigen Simulationen ebenfalls mit Hilfe geeigneter Gitter, beispielsweise mittels Dynamic Mesh in CFD, berücksichtigt werden. Ebenfalls nicht berücksichtigt wurden mögliche Querleitungseffekte in der Wärmeübertragerwand bei Fouling. Abschließend wurde das Verhalten der Simulation bei Veränderung der Zeitdiskretisierung untersucht. Dabei wurde das Ablagerungsmodell nach Gl. (2.10) von Stunden auf Minuten (Δt = 1 min) skaliert. Die Simulation des Experiments nach Abb. 3.5 lieferte eine Induktionszeit von 859 min bzw. 14 h. In Abb. 5.26 sind die entsprechenden simulierten Verläufe des thermischen Foulingwiderstandes sowie des Bedeckungsgrades dargestellt. Besonders deutlich zu sehen der Einfluss der Pseudozufallszahlen für längere Zeiten. Dieser Fehler muss durch entsprechende Optimierungsmethoden minimiert werden. Der relative Fehler von 0,124 war dabei vergleichbar zu den Simulationen mit einer Schrittweite von 1 h gemäß Abb. 5.25. Eine zeitliche Skalierbarkeit des Ablagerungsmodells bzw. des Submodells 2 von Sekunden auf Minuten ist demzufolge ohne gravierende Fehler mit dem Modellmechanismus möglich.

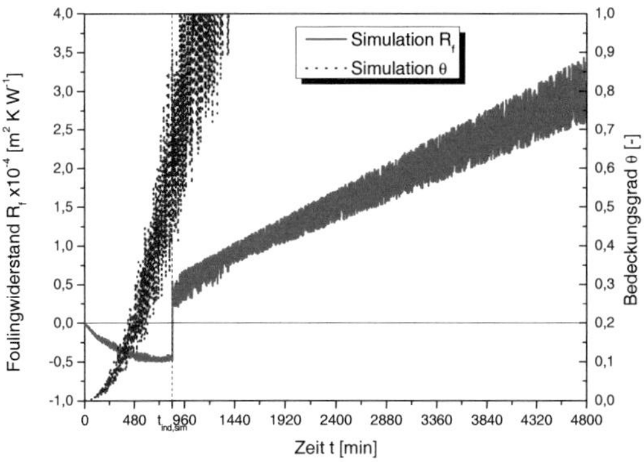

Abb. 5.26 Simulierte Verläufe des thermischen Foulingwiderstandes sowie des Bedeckungsgrades für ein auf Minuten skaliertes Ablagerungsmodell

5.5.5 Modifizierter Foulingwiderstand

Die Simulation mit Hilfe der mechanistischen Modellierung lieferte für die untersuchten Wärmeübertrager sinnvolle Induktionszeiten bei Eingabe der richtigen Inputparameter anhand der Betriebs- und Systemparameter. Es liegt jedoch nahe, den thermischen Foulingwiderstand als solches zu modifizieren, unter der oben getroffenen Annahme ungenauer Modelle für die Wärmeleitung und den Wärmeübergang. Ein modifiziertes Modell für den thermischen Foulingwiderstand wurde durch die Mittelung der Foulingwiderstände aus den Submodellen 5 und 6 formuliert:

$$R_f = \frac{R_{f,sub5} + R_{f,sub6}}{2} = \frac{1}{2}\left[\frac{1}{\alpha_f} + 2\theta\frac{x_f}{\lambda_f} - \frac{1}{\alpha_0}\right] \tag{5.24}$$

In Abb. 5.27 sind die entsprechenden simulierten Foulingwiderstände sowie die dazugehörigen experimentellen Werte für (a) das Experiment gemäß Abb. 3.5 für Gips und (b) das Experiment gemäß Abb. 4.1 (a) für Calcit dargestellt. Der modifizierte Foulingwiderstand lag hier jeweils in guter Übereinstimmung mit dem experimentellen thermischen Foulingwiderstand. Durch die Mittelung wird der Verlauf des modifizierten Foulingwiderstandes zudem etwas geglättet und der Einfluss der Zufallszahlen wird reduziert. Die simulierten Induktionszeiten lagen dabei ebenfalls nahe an den experimentellen Werten. Aus der Modellgleichung Gl. (5.24) geht hervor, dass der thermische Foulingwiderstand nach Gl. (5.7) die rauheitskontrollierte Phase um etwa den Faktor 2 überschätzte.

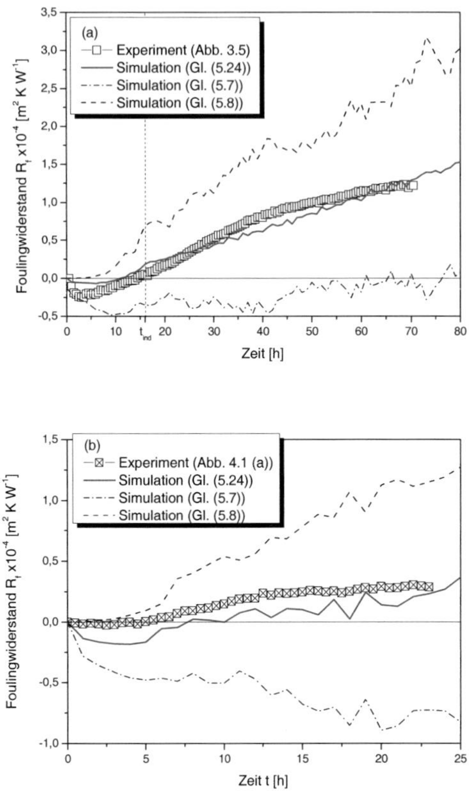

Abb. 5.27 Simulierte und experimentelle Foulingwidstände: (a) $CaSO_4 \cdot 2H_2O$-Fouling gemäß Abb. 3.5, (b) $CaCO_3$-Fouling gemäß Abb. 4.1 (a)

Der modifizierte Foulingwiderstand als Mittelwert der Submodelle 5 und 6 liefert ähnliche Induktionszeiten, wie der in dieser Arbeit präsentierten mechanistischen Modellierung unter Verwendung eines Biot-Zahlen basierten Induktionszeitkriteriums. Für ein exaktes Modell des thermischen Foulingwiderstands gemäß Gl. (5.7), liefert das Modell des modifizierten Foulingwiderstands in Gl. (5.24) konservative Werte sowie reduzierte Induktionszeiten. Weiterführende Untersuchungen experimenteller und theoretischer Studien müssen versuchen, ein kongruentes Modell für den thermischen Foulingwiderstand unter Berücksichtigung aller Einflussparameter und Skalierbarkeit zu formulieren.

6 Zusammenfassung

In dieser Arbeit wurde eine mechanistische Modellierung für die Simulation der Induktionszeit beim Kristallisationsfouling vorgestellt. Für die Modellierung wurden verschiedene Experimente zur Quantifizierung der festgestellten Wirkmechanismen durchgeführt. Es wurden thermische Messungen beim Kristallisationsfouling im Strömungskanal zur Beschreibung des thermischen Foulingwiderstandes unternommen. Desweiteren wurde die Anzahl an Einzelkristallen, die Ablagerungsrate, die Haftkraft sowie die Abtragung beim Kristallisationsfouling untersucht, um die Wirkmechanismen gezielt zu adressieren. Die Anzahl an Einzelkristallen wurde optisch mittels Digital- und Rasterelektronenmikroskopie bestimmt. Zur Bestimmung der Haftkraft von mikroskopischen Einzelkristallen wurde ein neuartiges mechanisches Messverfahren, bestehend aus Federtisch und Mikromanipulator in einem Rasterelektronenmikroskop, angewendet. Sowohl bei der Bestimmung der Anzahl als auch der Haftkraft wurden frühe Foulingstadien entsprechend der Induktionsphase untersucht. Die Ablagerungsrate wurde makroskopisch mittels Massebestimmung und mikroskopisch mittels Rasterkraftmikroskopie bestimmt. Die Abtragung wurde in Form einer Abtragwahrscheinlichkeit über eine Weibullverteilung quantifiziert. Durch eine hierarchische Anordnung konnten die Wirkmechanismen als Submodelle in einem Modellmechanismus integriert werden. Die identifizierten Einflussparameter Sättigungsindex und Strömungsgeschwindigkeit konnten direkt in das Ablagerungsmodell bzw. in das Abtragungsmodell eingebunden werden. Eine sichere Einbindung der Oberflächenrauheit und der freien Oberflächenenergie in das Haftungsmodell gelang nicht, stattdessen wurden die mittlere Kontaktfläche zwischen Kristall und Wärmeübertrager sowie die Hamaker-Konstante als Einflussparameter gewählt. Eine Modellierung der Keimbildung unter Einbindung der identifizierten Einflüsse gelang ebenfalls nicht und musste über die Anzahl an Einzelkristallen, die innerhalb des ersten Zeitschritts abschließend generiert wird, ersetzt werden. Wird die Initialisierungszeit als Start für die Modellierung dieser Arbeit gesetzt, kann der Mechanismus der Keimbildung zunächst ausgeklammert werden. Es konnte gezeigt werden, dass der Foulingfortschritt maßgeblich von der Entwicklung der wirksamen Kräfte- und Grenzflächenverhältnisse zwischen Kristall und Fluid sowie zwischen Kristall und Wärmeübertrager beim Kristallisationsfouling beeinflusst wird. Eine dynamische Entwicklung der Haftung und der Abtragung konnte festgestellt werden. Eine Abtragung kann sowohl durch die Überwindung adhäsiver als auch kohäsiver Kräfte erfolgen.

Als Mechanismus zur Berechnung der Induktionszeit wurde ein Kernmodell in Form eines Biot-Zahlenverhältnisses, welches von den Submodellen beeinflusst und mit einem Schwellenwert verglichen wird, gewählt. Das Kernmodell ist aufgrund des Foulingfortschritts ebenfalls zeitabhängig und durchläuft in seiner Entwicklung den Schwellenwert. Der Zeitpunkt bei Erreichen des Schwellenwertes wurde verwendet, um die Induktionszeit auf einen Nulldurchgang des sich synchron entwickelnden thermischen Foulingwiderstandes zu interpolieren. Die Simulation mit Hilfe sequentieller Monte-Carlo-Methoden für verschiedene experimentelle thermische Foulingwiderstände zeigte unter Verwendung physikalisch sinnvoller Werte für alle Inputparameter eine gute Übereinstimmung der simulierten Induktionszeiten und thermischen Foulingwiderstände. Parameterstudien zeigten, dass der Modellmechanismus für einen großen Bereich sinnvolle Induktionszeiten lieferte. Aufgrund einer unzureichend berücksichtigten fluiddynamischen Modellierung unterschätzte die Simulation den Einfluss der Strömungsgeschwindigkeit, während die Modellierung den Wärmübergang überschätzte. Es konnte prinzipiell gezeigt werden, dass die

Simulation plausibler Induktionszeiten beim Kristallisationsfouling möglich ist. Eine modelltechnische Erfassung und Simulation von Induktionszeiten muss dabei weiterhin betrieben werden. Die präsentierte mechanistische Modellierung stellt eine Regel zur abschätzenden Berechnung von Induktionszeiten unter Einbindung eines größtmöglichen Satzes an Einflussparametern bereit. In einer weiterführenden Modellierung müssen die Einflüsse des Druckverlustes sowie der detaillierten fluiddynamischen Prozesse auf die Entwicklung des thermischen Foulingwiderstandes und damit der Induktionszeit integriert werden. Weiterführende Simulationen von Induktionszeiten müssen hinsichtlich einer Anwendbarkeit zur Prozessoptimierung und Kostenreduktion bei Prozessen mit Anfälligkeit für Kristallisationsfouling geprüft werden.

Als ein Ausblick für experimentelle Arbeiten, welche die Datengrundlage für die Modellierung der Mechanismen während der Induktionsphase verbessern, werden folgende Ansätze vorgeschlagen:

- Untersuchung der heterogenen Keimbildung beim Kristallisationsfouling unter Einfluss der Strömungsgeschwindigkeit, insbesondere im Hinblick auf einen Mechanismus während der Initialisierungsphase unter Einsatz verschiedener Mikroskopieverfahren.
- Bestimmung des Bedeckungsgrades und der Aggregation von Einzelkristallen mit Hilfe optischer Messverfahren.
- Bestimmung der Haftfläche von Mikrokristallen mittels Mikro-Computertomographie.
- Bestimmung der wirksamen Wärmeleitfähigkeit sowie des Wärmeübergangskoeffizienten beim Kristallisationsfouling.

7 Literaturverzeichnis

Albert, F., *Grenzflächeneffekte bei der kristallinen Belagbildung auf wärmeübertragenden Flächen,* Scholl, S., Augustin, W. (Eds.), ICTV - Schriftenreihe Band 7, Cuvillier, Göttingen, 2010

Albert, F., Augustin, W., Scholl, S., *Roughness and constriction effects on heat transfer in crystallization fouling,* Chemical Engineering Science, 66, 499 - 509, 2011

Alfiltra Watertechnolgies, *Wasserhärte Verzeichnis,* http://www.wasserhaerte.net/regions/116~niedersachsen, 2012

Angerhöfer, M., *Untersuchungen zur Kinetik der Fällungkristallisation von Bariumsulfat,* TU München, Diss., 1994

Augustin, W., *Verkrustung (Fouling) von Wärmeübertragungsflächen,* TU Braunschweig, Diss., 1993

Augustin, W., Bohnet, M., *Influence of the ratio of free hydrogen ions on crystallization fouling,* Chemical Engineering and Processing: Process Intensification, 34, 79 - 85, 1995

Augustin, W., Zhang, J., Bialuch, I., Geddert, T., Scholl, S., *Modifizierte Oberflächenbeschichtungen zur Foulingminderung auf wärmeübertragenden Flächen,* Chemie Ingenieur Technik, 78, 607, 2006

Böckh, P. v., *Wärmeübertragung,* Springer, Heidelberg, 2, 2006

Bohnet, M., *Fouling von Wärmeübertragungsflächen,* Chemie Ingenieur Technik, 57, 24, 1985

Bott, T. R., *Fouling of Heat Exchangers,* Elsevier Science B.V., Amsterdam, 1995

Boxler, C., Augustin, W., Scholl, S., *Cleaning of whey protein and milk salts soiled on DLC coated surfaces at high-temperature,* Journal of Food Engineering, 114, 29 - 38, 2013

Brahim, F., *Numerische Simulation des Kristallwachstums auf wärmeübertragenden Flächen (Fouling),* TU Braunschweig, Diss., 2003

Bronstein, I. N., Semendjajew, K. A., Musiol, G., Mühlig, H., Taschenbuch der Mathematik, Harri Deutsch, Frankfurt, 2005

Bucko, J., Mayer, M., Benzinger, W., Augustin, W., Scholl, S., Dittmeyer, R., *Untersuchungen zum Kristallisationsfouling in Mikrowärmeübertragern; Investigation on Crystallization Fouling in Micro Heat Exchanger,* Chemie Ingenieur Technik, 84, 491, 2012

Butt, H., Kappl, M., *Contact Mechanics and Adhesion,* Surface and Interfacial Forces, Wiley-VCH Verlag GmbH & Co. KGaA, 2010

Butterworth, D., *Design of shell-and-tube heat exchangers when the fouling depends on local temperature and velocity,* Applied Thermal Engineering, 22, 789 - 801, 2002

Chen, P., Chen, X. D. Free, K. W., *A computational fluid mechanics analysis of the removal forces acting on crystal deposits at the surfaces of plate heat exchangers,* Chew, Y. T. Tso, C. P. (Ed.), Proceedings of the sixth Asian Congress of Fluid Mechanics, Singapore, 1995

Chenoweth, J. M., *General design of heat exchangers for fouling conditions,* Kluwer Academic Publishers, Dortrecht, 1988

Crittenden, B. D., Alderman, N. J., *Negative fouling resistances: The effect of surface roughness,* Chemical Engineering Science, 43, 829 - 838, 1988

Diao, Y., Myerson, A. S., Hatton, T. A., Trout, B. L., *Surface Design for Controlled Crystallization: The Role of Surface Chemistry and Nanoscale pores in Heterogeneous Nucleation,* Langmuir, 5324-5334, 2011

Epstein, N., *Fouling of Heat Exchangers,* Taborek, J. (Ed.), Heat Exchanger: Theory and Practice, Hemisphere Publishing Corp., London, 1983

Fahiminia, F., Watkinson, A. P., Epstein, N., *Early Events in the Precipitation Fouling of Calcium Sulphate Dihydrate under Sensible Heating Conditions,* The Canadian Journal of Chemical Engineering, 85, 679, 2007

Förster, M., Augustin, W., Bohnet, M., *Influence of the adhesion force crystal/heat exchanger surface on fouling mitigation,* Chemical Engineering and Processing: Process Intensification, 38, 449 - 461, 1999a

Förster, M., Augustin, W., Bohnet, M., *Verminderung der Foulingschichtbildung auf Wärmeübertragungsflächen,* Chemie Ingenieur Technik, 71, 1391, 1999b

Förster, M., Bohnet, M., *Influence of the interfacial free energy crystal/heat transfer surface on the induction period during fouling,* International Journal of Thermal Sciences, 38, 944 - 954, 1999c

Förster, M., Bohnet, M., *Modification of molecular interactions at the interface crystal/heat transfer surface to minimize heat exchanger fouling,* International Journal of Thermal Sciences, 39, 697 - 708, 2000

Förster, M. L., *Verminderung des Kristallisationsfoulings durch gezielte Beeinflussung der Grenzfläche zwischen Kristallen und Wärmeübertragungsfläche,* TU Braunschweig, Diss., 2001

Franke, J., *Über den Einfluss der Prozessparameter auf die Fällungskristallisation am Beispiel von Calciumcarbonat und Calciumsulfat Dihydrat,* TU München, Diss., 1994

Fryer, P. J., Robbins, P. T., Asteriadou, K., *Current knowledge in hygienic design: can we minimize fouling and speed cleaning?,* Procedia Food Science, 1, 1753 - 1760, 2011

Garret-Price, B. A., *Fouling of Heat Exchangers: Characteristics, Costs, Prevention, Control and Removal,* Noyes Publications, 1985

Geddert, T., *Einfluss von Oberflächenmodifikationen auf die Induktionszeit beim Kristallisationsfouling,* Scholl, S., Augustin, W. (Eds.), ICTV - Schriftenreihe Band 6, Cuvillier, Göttingen, 2009a

Geddert, T., Augustin, W. Scholl, S., *Verlängerung der Induktionsphase im Fouling durch kohlenstoffbasierte Beschichtungen von Wärmeübertragern,* Chemie Ingenieur Technik, 81, 1445, 2009b

Geddert, T., Albert, F., Bialuch, I., Augustin, W., Scholl, S., *Verringerung der Belagbildung durch beschichtete Oberflächen,* Vakuum in Forschung und Praxis, 21, 14, 2009c

Geddert, T., Augustin, W., Scholl, S., *Induction Time in Crystallization Fouling on Heat Transfer Surfaces,* Chemical Engineering & Technology, 34, 1303, 2011

Gilron, J. Hasson, D., *Calcium sulphate fouling of reverse osmosis membranes: Flux decline mechanism,* Chemical Engineering Science, 42, 2351 - 2360, 1987

Gutjahr, A., Dabringhaus, H. Lacmann, R., *Studies of the growth and dissolution kinetics of the CaCO3 polymorphs calcite and aragonite I. Growth and dissolution rates in water,* Journal of Crystal Growth, 158, 296 - 309, 1996

Hamaker, H. C., *The London - van der Waals attraction between spherical particles,* Physica IV, 1937

Hasson, D., Drak, A., Semiat, R., *Induction times induced in an RO system by antiscalants delaying CaSO4 precipitation,* Desalination, 157, 193 - 207, 2003

Hesselgreaves, J. E., *An approach to fouling allowances in the design of compact heat exchangers,* Applied Thermal Engineering, 22, 755 - 762, 2002

Hirsch, H., *Scher- und Haftfestigkeit kristalliner Foulingschichten auf wärmeübertragenden Flächen,* TU Braunschweig, Diss., 1996a

Hirsch, H., Augustin, W. Bohnet, M., *Über den Abtrag von Kristallschichten an wärmeübertragenden Flächen,* Chemie Ingenieur Technik, 68, 691, 1996b

Höfling, V., *Kristallisationsfouling auf wärmeübertragenden Flächen durch Mehrkomponentensysteme,* TU Braunschweig, Diss., 2004

Isdale, J. D., Mercier, P., Grillot, J. M., Mulholland, A. Gomatam, J., *Integrated modelling of process heat transfer with combustion and fouling,* Applied Thermal Engineering, 17, 751 - 762, 1997

Ishiyama, E. M., Paterson, W. R., Wilson, D. I., *Optimum cleaning cycles for heat transfer equipment undergoing fouling and ageing,* Chemical Engineering Science, 66, 604 - 612, 2011

Israelachvili, J. N., *6 - Van der Waals Forces,* Intermolecular and Surface Forces (Third Edition), Academic Press, San Diego, 2011

Karpinski, P. H., *Importance of the two-step crystal growth model,* Chemical Engineering Science, 40, 641 - 646, 1985

Kind, M., Mersmann, A., *On supersaturation during mass crystallization from solution,* Chemical Engineering Technology, 13, 50, 1990

Klepetsanis, P. G., Koutsoukos, P. G., *Spontaneous precipitation of calcium sulfate at conditions of sustained supersaturation,* Journal of Colloid and Interface Science, 143, 299 - 308, 1991

Knacke, O., *Beiträge zur Theorie der Keimbildung,* Zeitschrift für Physik, 130, 259-268, 1951

Krause, S., *Fouling an Wärmeübertragungsflächen durch Kristallisation und Sedimentbildung,* TU Braunschweig, Diss., 1986

Krüss GmbH, *Drop Shape Analysis Benutzerhandbuch,* Hamburg, 2004

Kumar, S., Ramkrishna, D., *On the solution of population balance equations by discretization. Nucleation, growth and aggregation of particles,* Chemical Engineering Science, 52, 4659 - 4679, 1997

Lefèvre, G., Joviet, A., *Calculation of Hamaker constants applied to the deposition of metallic oxide particles at high temperature,* Müller-Steinhagen, H., Malayeri, M. R. Watkinson, A. P. (Ed.), Proceedings of International Conference on Heat Exchanger Fouling and Cleaning VIII - 2009, Schladming, 2009

Lister, V. Y., Davidson, J. F., Wilson, D. I., *Calculating thermal fouling resistances from dynamic heat transfer measurements,* Chemical Engineering Science, 84, 772 - 780, 2012

Markov, I. V., *Nucleation at Surfaces,* Dhanaraj, G., Byrappa, K., Prasad, V. Dudley, M. (Ed.), Springer Handbook of Crystal Growth, Springer, Heidelberg, 2010

Martin, H., *Instationäre Wärmeleitung in ruhenden Körpern,* Verein Deutscher Ingenieure VDI-Gesellschaft Verfahrenstechnik und Chemieingenieurwesen (GVC) (Ed.), VDI-Wärmeatlas, Springer, Heidelberg, 2006

Martins, F. G., Campos, T., Rosmaninho, R. Melo, L. F., *Simulation of calcium phosphate deposition on stainless steel surfaces: a new approach based on cellular automata,* Müller-Steinhagen, H., Malayeri, M. R. Watkinson, A. P. (Ed.), Proceedings of 7th International Conference on Heat Exchanger Fouling and Cleaning - Challenges and Opportunities, Tomar, 2007

Mayer, M., Bucko, J., Benzinger, W., Dittmeyer, R., Augustin, W., Scholl, S., *The impact of crystallization fouling on a microscale heat exchanger,* Experimental Thermal and Fluid Science, 40, 126 - 131, 2012a

Mayer, M., Augustin, W., Scholl, S., *Adhesion of single crystals on modified surfaces in crystallization fouling,* Journal of Crystal Growth, 361, 152 - 158, 2012b

Mayer, M., Bucko, J., Benzinger, W., Dittmeyer, R., Augustin, W., Scholl, S., *Crystallization fouling in experimental heat exchangers – optical and thermal investigations*, Experimental Heat Transfer, 26, 487 - 502, 2013a

Mayer, M., Augustin, W., Scholl, S., *An approach to modeling induction period in crystallization fouling*, Heat Mass Transfer, 49, 1419 - 1432, 2013b

Mersmann, A., Bartosch, K., Braun, B., Eble, A., Heyer, C., *Möglichkeiten einer vorhersagenden Abschätzung der Kristallisationskinetik,* Chemie Ingenieur Technik, 72, 17, 2000

Mersmann, A., *Particle Size Distribution and Population Balance,* Mersmann, A. (Ed.), Crystallization Technology Handbook, Marcel Dekker, New York, 2001

Mineralienatlas, http://www.mineralienatlas.de/, 2012

Müller-Steinhagen, H., *Cooling-Water Fouling in Heat Exchangers,* James P. Hartnett; Thomas F. Irvine; Young I. Cho and George A. Greene (Ed.), Advances in Heat Transfer, Elsevier, 1999

Müller-Steinhagen, H., *Heat Exchanger Fouling,* Publico Publications, Essen, 2000

Müller-Steinhagen, H., *Verschmutzung von Wärmeübertragungsflächen,* VDI-Wärmeatlas, Springer, Berlin, 2006

Mullin, J. W., *Crystallization,* Butterworth-Heinemann, Oxford, 4, 2001

Mwaba, M. G., Rindt, C. C. M., van Steenhoven, A. A., *Validated Numerical Analysis of CaSO4 Fouling,* Heat Transfer Engineering, 50-62, 2006

Oliveira, R., *Understanding adhesion: A means for preventing fouling,* Experimental Thermal and Fluid Science, 14, 316 - 322, 1997

Parkhurst, D., Charlton, S., Riggs, A. Webb, R., *PHREEQC,* U. S. Geological Survey, http://wwwbrr.cr.usgs.gov/projects/GWC_coupled/, 2012

Pogiatzis, T., Ishiyama, E. M., Paterson, W. R., Vassiliadis, V. S., Wilson, D. I., *Identifying optimal cleaning cycles for heat exchangers subject to fouling and ageing,* Applied Energy, 89, 60 - 66, 2012

Rabinovich, Y. I., Adler, J. J., Ata, A., Singh, R. K., Moudgil, B. M., *Adhesion between Nanoscale Rough Surfaces: I. Role of Asperity Geometry,* Journal of Colloid and Interface Science, 232, 10 - 16, 2000a

Rabinovich, Y. I., Adler, J. J., Ata, A., Singh, R. K., Moudgil, B. M., *Adhesion between Nanoscale Rough Surfaces: II. Measurement and Comparison with Theory,* Journal of Colloid and Interface Science, 232, 17 - 24, 2000b

Ramkrishna, D., Mahoney, A. W., *Population balance modeling. Promise for the future,* Chemical Engineering Science, 57, 595 - 606, 2002

Rasband, W., *ImageJ 1.46,* National Institutes of Health, http://rsb.info.nih.gov/ij/, 2012

Rizzo, G., Müller-Steinhagen, H. Richter, E., *Induction period of heterogeneous nucleation during crystallization fouling: ion implantation effects,* Müller-Steinhagen, H., Malayeri, M. R. Watkinson, A. P. (Ed.), Proceedings of 6th International Confernece on Heat Exchanger Fouling and Cleaning - Challenges and Opportunities, Kloster Irsee, 2005

Rizzo, G., *Induktionszeit beim Kristallisationsfouling an ionenimplantierten Wärmeübertragerflächen,* Univ. Stuttgart, Diss., 2008

Rumpf, H., *Particle Technology,* Chapman & Hall, London, 1990

Saha, A., Lee, J., Pancera, S. M., Bräeu, M. F., Kempter, A., Tripathi, A. Bose, A., *NewInsights into the Transformation of Calcium Sulfate Hemihydrate to Gypsum using Time-Resolved Cryogenic Transmission Electron Microscopy,* Langmuir, 28, 11182-11187, 2012

Salmang, H., Scholze, H., *Keramik,* Springer, Berlin, 2007

Santhanam, A., Gupta, Y., *Cleavage surface energy of calcite,* International Journal of Rock Mechanics and Mining Sciences, 253-259, 1968

Schlichtung, H., Gersten, K., *Grenzschicht-Theorie,* Springer, Heidelberg, 10, 2006

Scholl, S., *Zur Bestimmung von Verschmutzungswiderständen industrieller Wärmeübertrager,* Chemie Ingenieur Technik, 68, 124, 1996

Scholl, S., Augustin, W., *Numerical Simulation of micro roughness effects on convective heat transfer,* Marquardt, W. Pantelides, C. (Ed.), 16th European Symposium on Computer Aided Engineering and 9th Imternational Symposium on Process Systems Engineering, Elsevier, 2006

Schreier, P. J. R. Fryer, P. J., *Heat exchanger fouling: A model study of the scaleup of laboratory data,* Chemical Engineering Science, 50, 1311 - 1321, 1995

Schubert, H., *Keimbildung bei der Kristallisation schwerlöslicher Feststoffe,* TU München, Diss., 1998

Taborek, J., *Assesment of fouling research on the design of heat exchangers,* Panchal, C. B. (Ed.), Begell House, New York, 1997

Tai, C. Y., Chen, P., *Nucleation, agglomeration and crystal morphology of calcium carbonate,* AIChE Journal, 41, 68, 1995

U. S. Geological Survey, *USGS Water Quality Information,* http://water.usgs.gov/owq/hardness-alkalinity.html#hardness, 2012

Uhlmann, D. R., Chalmer, B., *The energetics of nucleation,* Industrial and Engineering Chemistry, 57, 1965

VDI-Wärmeatlas, 10. Aufl., Springer, Berlin, 2006

Volmer, M., *Die Kinetik der Phasenbildung,* Bonhoeffer (Ed.), Chemische Reaktion, Steinkopf Verlag, Leipzig, 1939

Witkamp, G. J., der, V., Eerden, J. P. Van Rosmalen, G. M., *Growth of gypsum: I. Kinetics,* Journal of Crystal Growth, 102, 281 - 289, 1990

Yang, M., Young, A., Niyetkaliyev, A. Crittenden, B., *Modelling fouling induction periods,* International Journal of Thermal Sciences, 51, 175 - 183, 2012

A Anhang

A.1 Vektoren

Tabelle A1 Übersicht der verwendeten Vektoren in MATLAB allokiert über zeros(1,t+1)

Bezeichnung	Symbol	Gleichung
Anzahl Zeitschritte	t	(2.10)
Kanalhöhe	h	(a.6)
Ablagerungsmasse	m_d	(2.10)
Foulingmasse	m_f	(5.21)
Abtragungsmasse	m_r	(2.25), (5.21)
Kristallhöhe (idealisierter Würfel)	G	(5.19)
Modellierter thermischer Foulingwiderstand	R_f	(5.7), (5.8)
Wirksame Wärmeleitfähigkeit	λ	(5.13)
Biot-Zahl	Bi	(5.11)
Nusselt-Zahl	Nu	(5.3 – 5.5)
Reynolds-Zahl	Re	(5.3 – 5.5)
Charakteristische Länge	x_{ch}	(5.12)
Wärmeübergangskoeffizient	α	(5.2)
Hydraulischer Durchmesser	d_h	(5.3 – 5.5)
Fluide Scherkraft	F_τ	(2.24), (4.6)
Adhäsive Haftkraft	F_{ad}	(4.10), (5.23)
Abtragwahrscheinlichkeit	Γ	(5.22)
Anzahl an Einzelkristallen	N	(5.20)
Mittlere Strömungsgeschwindigkeit	w	(a.5)
Umschlagpunkt für turbulente Strömung	l_u	(a.9)
Dicke der laminaren Unterschicht	δ_{lam}	(a.7 – a.8)
Bedeckungsgrad	θ	(2.35)
Abstand des Tangentenschnittpunktes	x_{ch}/λ	(5.6)
Massebasierter Foulingwiderstand	R_f	(5.8)
Thermischer Foulingwiderstand	R_f	(5.7)
Modifizierter Foulingwiderstand	R_f	(5.24)

A.2 Stoffwerte

Die folgenden Gleichungen dienen zur Vervollständigung der Vektoren aus Tabelle A1, die in der sequentiellen Simulation verwendet wurden. In der Simulation wurde für die Kühlwasser- bzw. Lösungsseiteseite mit den Stoffwerten von Wasser gerechnet. Zur Berechnung der temperaturabhängigen Stoffdaten gemäß den Gln. (a.1 – a.4) [*VDI-Wärmeatlas, 2006*] wurde die mittlere Fluidtemperatur ($T_2 = (T_{2,ein} + T_{2,aus})/2$) sowie die Oberflächentemperatur $T_{w,0}$ in °C eingesetzt. Letzter diente zur Berechnung der lokalen fluiden Scherkraft in Höhe der Foulingschicht. Die folgenden Modellgleichungen sind gültig für einen Temperaturbereich von 0 – 90 °C bei einem Druck von 1 bar. Die Dichte von Wasser wurde mit Gl. (a.1) berechnet. Die Modellparameter sind in Tabelle A.2 aufgelistet.

$$\rho_l = AT^2 + BT + C \tag{a.1}$$

Tabelle A.2 Parameter für die Berechnung der Dichte in Gl. (a.1)

Dichte ρ_l [kg m^{-3}]	Parameter		
	A	B	C
Wasser (1 bar)	-0,0037	-0.0562	1000,5

Die dynamische Viskosität von Wasser wurde mit Gl. (a.2) berechnet. Die entsprechenden Parameter sind in Tabelle A.3 aufgelistet.

$$\eta_l = A\exp(-BT) \qquad \text{(a.2)}$$

Tabelle A.3 Parameter für die Berechnung der Dichte in Gl. (a.2)

Dyn. Viskosität η_l [Pa s]	Parameter	
	A	B
Wasser (1 bar)	0,0015	0,018

Die Wärmekapazität von Wasser wurde mit Gl. (a.3) berechnet. Die entsprechenden Parameter sind in Tabelle A.4 aufgelistet.

$$c_{p,l} = AT^2 + BT + C \qquad \text{(a.3)}$$

Tabelle A.4 Parameter für die Berechnung der Dichte in Gl. (a.3)

Wärmeleitfähigkeit $c_{p,l}$ [kJ kg^{-1} K^{-1}]	Parameter		
	A	B	C
Wasser (1 bar)	0,0143	-1,3245	4209,2

Die Wärmeleitfähigkeit von Wasser wurde mit Gl. (a.4) berechnet. Die entsprechenden Parameter sind in Tabelle A.5 aufgelistet.

$$\lambda_l = AT^2 + BT + C \qquad \text{(a.4)}$$

Tabelle A.5 Parameter für die Berechnung der Dichte in Gl. (a.4)

Wärmeleitfähigkeit λ_l [W m^{-1} K^{-1}]	Parameter		
	A	B	C
Wasser (1 bar)	$-8\cdot10^{-6}$	0,0019	0,5693

A.3 Fluiddynamik

Die ergänzenden Berechnungen zu den Strömungsbedingungen im Kanal wurden in der Simulation mit folgenden Gleichungen sequentiell berücksichtigt. Mit Gl. (a.5) wurde die mittlere Strömungsgeschwindigkeit in Abhängigkeit der Kanalhöhe h(t) berechnet:

$$w(t)=\frac{\dot{V}}{h(t)b} \tag{a.5}$$

Die mittlere Kanalhöhe in der Simulation wurde fraktionell mit Hilfe des Bedeckungsgades und der Foulingschichthöhe berechnet:

$$h(t)=(1-\theta(t))h_0+\theta(t)(h_0-G(t)) \tag{a.6}$$

Die Dicke der laminaren Grenzschicht wurde bei der Bestimmung der lokalen fluiden Scherkraft berücksichtigt. Für laminare Strömung ($Re \leq 2300$) gilt nach Schlichting [*Schlichting, 2006*]:

$$\delta_{lam}(t)=5\left(\frac{\eta_l}{\rho_l}\frac{l_u(t)}{3/2w(t)}\right)^{1/2} \tag{a.7}$$

Die laminare Grenzschicht bei turbulenter Strömung ($Re > 2300$) wurde mit folgender Gleichung berechnet:

$$\delta_{lam}(t)=\left(1-\frac{l_u(t)}{(A/b)}\right)5\frac{\eta_l}{\rho_l\left(F_\tau/(A\rho_l)\right)^{1/2}}+5\left(\frac{\eta_l}{\rho_l}\frac{l_u(t)}{3/2w(t)}\right)^{1/2} \tag{a.8}$$

Der Umschlagpunkt für turbulente Strömung wurde mit Gl. (a.9) berechnet.

$$L_u(t)=3\cdot10^{-5}\frac{\eta_l}{\rho_l 3/2w(t)} \tag{a.9}$$

Die Wandschubspannung wurde in Abhängigkeit der Oberflächentemperatur $T_{w,0}$ sowie der Kristallhöhe G(t) mit Gl. (a.10) berechnet:

$$\tau_w(G(t))=\eta_l(T_{w,0})\frac{w(G(t))}{G(t)} \tag{a.10}$$

Lebenslauf

Name:	Moriz Mayer
Geburtsort, -datum:	Coburg, 15.04.1982
Familienstand:	Verheiratet

Ausbildung

08/1992 – 07/2002	Dilthey-Schule (Humanistisches Gymnasium) in Wiesbaden
08/1998 – 01/1999	Livingston Manor Central Highschool in Sullivan NY/USA
08/2002 – 05/2003	Zivildienst im Seniorenheim in Taunusstein
06/2003	Industriepraktikum bei der Infraserv GmbH in Wiesbaden
10/2003 – 04/2009	Studium des Bioingenieurwesens an der Technischen Universität Carolo-Wilhelmina zu Braunschweig, Abschluss: Diplom-Ingenieur
07/2008 – 09/2008	Auslandspraktikum bei der BASF SE in Geismar LA/USA

Berufstätigkeit

05/2009 – 06/2013	Wissenschaftlicher Mitarbeiter am Institut für Chemische und Thermische Verfahrenstechnik in Braunschweig
Seit 10/2013	Ingenieur bei der ESSO Deutschland GmbH der Exxon Mobil Corporation in Hamburg: Abteilung Lubes